定边植物图鉴

李清山 主编

西北农林科技大学出版社

图书在版编目（CIP）数据

定边植物图鉴/李清山主编. —杨凌：西北农林科技大学出版社，2020.12

ISBN 978-7-5683-0935-6

Ⅰ. ①定… Ⅱ. ①李… Ⅲ. ①植物－定边县－图集 Ⅳ. ①Q948.524.14-64

中国版本图书馆CIP数据核字（2020）第272195号

定边植物图鉴

李清山　主编

出版发行	西北农林科技大学出版社
地　　址	陕西杨凌杨武路3号　　邮　编：712100
电　　话	总编室：029-87093195　　发行部：029-87093302
电子邮箱	press0809@163.com
印　　刷	西安浩轩印务有限公司
版　　次	2020年12月第1版
印　　次	2020年12月第1次印刷
开　　本	889mm×1194mm　1/16
印　　张	28.5
字　　数	652千字

ISBN 978-7-5683-0935-6

定价：268.00元

本书如有印装质量问题，请与本社联系

编审委员会

名　誉　主　任：吕学斌　高怀和　李发树　白银喜　张　斌
编委会主任：孙怀胜
编委会副主任：赵治安　陈定河　李清山　王巨峰　程国强
　　　　　　　贾文亮
编委会成员：冯国春　胡景涛　武　丽　付守金　高开天
　　　　　　贺建宏　马晓玲　郝俊英　赵宏博
审　　　　稿：李清山
主　　　　编：李清山
副　主　　编：李发胜　王一为
编　　　者：李清山　李发胜　王一为　陈文宏　刘统民
　　　　　　马平平　代　丽　张　宁　韩利涛　李瑞莉
摄　　　　影：李清山　李发胜　王一为　付守金

序

定边县位于陕西省西北部、陕甘宁蒙四省区交界处，鄂尔多斯草原向陕北黄土高原过渡地带，毛乌素沙地的最南缘，素有"旱码头"和"三秦要塞"之称，与靖边县、本县安边镇合称"塞上三边"。总土地面积6 920平方千米，位列陕西省第三位。总人口数35.57万人。全县海拔1 303～1 907米，为典型的温带半干旱大陆性季风气候。县域南部为白于山区，白湾子镇魏梁山海拔1 907米，为陕北最高峰。北部为平原草滩区，最低点在盐场堡镇花马池盐湖，海拔1 303米。定边县属资源性严重缺水县，年平均降雨量325毫米。无定河、泾河、洛河源头分别位于我县学庄乡、白湾子镇和杨井镇境内，八里河是一条全长54.5千米的内陆河。全县森林保有面积314.6万亩，森林覆盖率29.4%。

定边是全国县级区域石油产能第一大县，石油探明储量16.18亿吨，天然气探明储量3 000亿立方米。定边是陕西省唯一的湖盐产地，有天然盐湖14个，盐湖面积100平方千米。定边是世界红花荞麦原产地保护区、中国马铃薯六大生产县之一、中国马铃薯特产之乡、中国马铃薯美食之乡，近年来连续获得玉米、马铃薯、球茎甘蓝、地膜辣椒等10多项全国单产最高纪录，无公害农产品生产通过国家整县环评，马铃薯、荞麦、羊肉被国家质检总局批准受地理产品标志保护，其中定边荞麦粉的相关标准被国家标准化委员会评定为国家标准，填补了我国荞麦粉没有国家标准的空白。

特殊的地理位置、地形地貌和气候条件，形成了定边植物的多样性和独特性。长期以来，我县一直缺乏一本系统全面介绍本地区植物的书籍。2013年，我局经研究决定对全县植物进行全面调查，组织精干专家团队，对全县植物展开普查，并采集了大量标本，前后经历五年有余，收集各类标本四百多种、五千余份，拍摄各类植物、动物照片两万多张。在此基础上，经过编者们的辛勤工作，编纂而成《定边植物图鉴》一书，鼓舞人心，倍感欣慰。

全书收录定边及周边地区常见植物422种，配合图片对植物的名称、生物学特性、生态学特性、分布、利用价值等方面进行了详细介绍。该书的出版填补了我县植物志书的空白。该书既是一部植物知识宣传的科普书，又是本地区植物分类研究的指导书，同时也是定边县及周边地区农林水牧等涉农专业工作者必不可少的一本工具书。

相信这本书的出版，必将唤起我县人民群众热爱植物、保护植物、关心环境、热爱家乡的意识，形成牢固树立"绿水青山就是金山银山"发展理念的新风尚，团结一致共助"国家森林城市"创建活动。五年来，编者们的辛勤付出终于使这本新颖而翔实的图书与读者见面，甚为欣慰，以此为序，以表祝贺。

2019年2月

前 言

陕西省定边县地处陕、甘、宁、内蒙古四省区交界处，鄂尔多斯草原向陕北黄土高原过渡地带，毛乌素沙地的最南缘。与靖边县、本县安边镇合称"塞上三边"。总土地面积6 920平方千米，位列陕西省第三位。这里有悠久的历史，独特的地形地貌，边塞游牧文化和黄土农耕文化交汇于此。定边是全国县级区域石油产能第一大县，也是陕西省唯一的湖盐产地。定边是世界红花荞麦原产地保护区、中国马铃薯六大生产县之一、中国马铃薯特产之乡、中国马铃薯美食之乡。马铃薯、荞麦、羊肉被国家质检总局批准受地理产品标志保护。已办两届的"世界红花荞麦原产地旅游观光美食节"已成为国内旅游新热点。

身为土生土长的定边林业人，我们在长期的野外工作中发现，虽然地处干旱、半干旱地区，但定边也有着丰富的植物种质资源，这些植物也许没有高大的外表，但它们有着坚忍不拔的性格、顶风傲雪的毅力、顽强不屈的品格。我们用镜头记录下它们的美，用笔书写出它们的形态特征，历时五年有余，编纂而成《定边植物图鉴》。希望这本书能增加外地朋友对定边的了解，同时激发全县人民热爱植物、保护植物、关心环境、热爱家乡之情。

《定边植物图鉴》共收集野生及露天栽培植物422种，隶属于87科，267属。在科的排列上，裸子植物按照郑万钧系统排列，被子植物按照恩格勒系统排列，但把目前植物分类学界公认的大麻科、芍药科、紫堇科、菟丝子科、白刺科、骆驼蓬科等以科列出，学名按照最新APG系统分类法中的学名规范。由于气候变化和人为活动的影响，加之野外调查时间有限，有一些有地域代表性的植物未发现收录，如沙拐枣、心叶水柏枝、宽叶水柏枝、寸草、三芒草、走茎苔草、绥草等，较为遗憾。

本书以彩图的形式对植物的植株、枝、叶、花、果实、种子的形态特征及生境等特征进行全面展示，并用文字详尽描述了收录植物的形态结构、分布范围、适宜生境和利用价值。本书是对周边植物志书的补充和丰富，供本县及周边地区从事林业、农业、水土保持及其他相关工作人员使用。

全书完成过程中受到榆林市林业和草原局，定边县委、县政府等各级领导的倾力关注；受到西北农林科技大学、内蒙古农业大学等高校的大力帮助；受到各界热爱植物人士和生态环境保护者的关心支持，在此，谨向他们表示最诚挚的谢意。

由于编者水平、编著时间和摄影水平所限，书中对植物的鉴定和描述难免有错误、疏漏之处，部分植物照片也不尽如人意，敬请广大读者谅解并提出宝贵意见，以便修正完善。

编 者

2019年春

目 录
CONTENTS

节节草 · · · · · · 002	钻天杨 · · · · · · 027
银 杏 · · · · · · 003	胡桃 · · · · · · 028
白皮松 · · · · · · 004	黑胡桃 · · · · · · 029
油松 · · · · · · 005	辽东栎 · · · · · · 030
樟子松 · · · · · · 006	榆树 · · · · · · 031
白杆 · · · · · · 007	垂枝榆 · · · · · · 032
青海云杉 · · · · · · 008	大果榆 · · · · · · 033
杜松 · · · · · · 009	裂叶榆 · · · · · · 034
沙地柏 · · · · · · 010	圆冠榆 · · · · · · 035
圆柏 · · · · · · 011	构树 · · · · · · 036
侧柏 · · · · · · 012	桑 · · · · · · 037
草麻黄 · · · · · · 013	龙桑 · · · · · · 038
北沙柳 · · · · · · 014	大麻 · · · · · · 039
垂柳 · · · · · · 015	葎草 · · · · · · 040
旱柳 · · · · · · 016	北桑寄生 · · · · · · 041
龙爪柳 · · · · · · 017	波叶大黄 · · · · · · 042
馒头柳 · · · · · · 018	萹蓄 · · · · · · 043
小红柳 · · · · · · 019	红蓼 · · · · · · 044
合作杨 · · · · · · 020	西伯利亚蓼 · · · · · · 045
河北杨 · · · · · · 021	苦荞麦 · · · · · · 046
胡杨 · · · · · · 022	荞麦 · · · · · · 047
加杨 · · · · · · 023	皱叶酸模 · · · · · · 048
青杨 · · · · · · 024	中亚滨藜 · · · · · · 049
小叶杨 · · · · · · 025	蒙古虫实 · · · · · · 050
新疆杨 · · · · · · 026	菊叶香藜 · · · · · · 051

刺藜	052
地肤	053
碱蓬	054
平卧碱蓬	055
盐地碱蓬	056
灰绿藜	057
尖头叶藜	058
藜	059
沙蓬	060
华北驼绒藜	061
雾冰藜	062
盐角草	063
白茎盐生草	064
尖叶盐爪爪	065
细枝盐爪爪	066
盐爪爪	067
刺沙蓬	068
猪毛菜	069
鸡冠花	070
反枝苋	071
尾穗苋	072
紫茉莉	073
马齿苋	074
麦瓶草	075
女娄菜	076
细叶石头花	077
石竹	078
牡丹	079
芍药	080
白头翁	081
甘青侧金盏花	082
翠雀	083
长叶碱毛茛	084
碱毛茛	085
展枝唐松草	086
粉绿铁线莲	087
灌木铁线莲	088
黄花铁线莲	089
紫叶小檗	090
玉兰	091
角茴香	092
虞美人	093
地丁草	094
独行菜	095
连蕊芥	096
萝卜	097
蚓果芥	098
斧翅沙芥	099
油芥菜	100
二球悬铃木	101
费菜	102
辉煌长药八宝	103
太平花	104
杜仲	105
蕤核	106
草莓	107
金叶风箱果	108
白梨	109
杜梨	110
李	111
美人梅	112
紫叶矮樱	113
紫叶李	114
贴梗海棠	115
垂丝海棠	116
花红	117

花叶海棠	118	白车轴草	151
苹果	119	刺槐	152
楸子	120	毛刺槐	153
山荆子	121	甘草	154
西府海棠	122	合欢	155
腺齿蔷薇	123	胡卢巴	156
黄刺玫	124	兴安胡枝子	157
玫瑰	125	胡枝子	158
月季	126	白刺花	159
山楂	127	槐	160
长梗扁桃	128	蝴蝶槐	161
红叶碧桃	129	苦豆子	162
山桃	130	龙爪槐	163
陕甘山桃	131	阿拉善黄芪	164
桃	132	糙叶黄芪	165
重瓣榆叶梅	133	草木樨状黄芪	166
金露梅	134	单叶黄芪	167
二裂委陵菜	135	乳白黄芪	168
蕨麻	136	斜茎黄芪	169
委陵菜	137	猫头刺	170
星毛委陵菜	138	多枝棘豆	171
山杏	139	二色棘豆	172
杏	140	黄毛棘豆	173
三裂绣线菊	141	砂珍棘豆	174
土庄绣线菊	142	小花棘豆	175
粉花绣线菊	143	甘蒙锦鸡儿	176
水枸子	144	甘肃锦鸡儿	177
西枸北枸子	145	荒漠锦鸡儿	178
日本晚樱	146	柠条锦鸡儿	179
华北珍珠梅	147	秦晋锦鸡儿	180
菜豆	148	小叶锦鸡儿	181
白花草木樨	149	红花锦鸡儿	182
草木樨	150	苦马豆	183

少花米口袋	184	黄栌	217
紫苜蓿	185	火炬树	218
沙冬青	186	白杜	219
豌豆	187	冬青卫矛	220
贺兰山岩黄芪	188	栓翅卫矛	221
塔落岩黄芪	189	朝鲜黄杨	222
细枝岩黄芪	190	茶条槭	223
披针叶野决明	191	复叶槭	224
大花野豌豆	192	五角槭	225
广布野豌豆	193	元宝槭	226
皂荚	194	栾树	227
紫穗槐	195	文冠果	228
酢浆草	196	凤仙花	229
牻牛儿苗	197	柳叶鼠李	230
旱金莲	198	酸枣	231
宿根亚麻	199	枣	232
亚麻	200	五叶地锦	233
野亚麻	201	葡萄	234
白刺	202	锦葵	235
小果白刺	203	野葵	236
骆驼蒿	204	木槿	237
骆驼蓬	205	野西瓜苗	238
蒺藜	206	苘麻	239
花椒	207	蜀葵	240
北芸香	208	短穗柽柳	241
针枝芸香	209	多枝柽柳	242
臭椿	210	甘蒙柽柳	243
远志	211	细穗柽柳	244
蓖麻	212	红砂	245
地锦草	213	裂叶堇菜	246
乳浆大戟	214	紫花地丁	247
沙生大戟	215	沙枣	248
地构叶	216	沙棘	249

千屈菜	250
月见草	251
硬阿魏	252
红柴胡	253
田葛缕子	254
茴香	255
芫荽	256
红瑞木	257
大苞点地梅	258
海乳草	259
狼尾花	260
二色补血草	261
黄花补血草	262
白蜡	263
暴马丁香	264
小叶丁香	265
紫丁香	266
连翘	267
水蜡树	268
雪柳	269
互叶醉鱼草	270
辐状肋柱花	271
达乌里秦艽	272
鳞叶龙胆	273
秦艽	274
地梢瓜	275
鹅绒藤	276
华北白前	277
杠柳	278
打碗花	279
圆叶牵牛	280
田旋花	281
银灰旋花	282
菟丝子	283
狭苞斑种草	284
鹤虱	285
大果琉璃草	286
砂引草	287
紫筒草	288
蒙古莸	289
柳叶马鞭草	290
脓疮草	291
串铃草	292
百里香	293
地椒	294
地笋	295
白花枝子花	296
香青兰	297
冬青叶兔唇花	298
细叶益母草	299
碧冬茄	300
枸杞	301
假酸浆	302
辣椒	303
曼陀罗	304
龙葵	305
茄	306
青杞	307
阳芋	308
天仙子	309
烟草	310
地黄	311
柳穿鱼	312
兰考泡桐	313
蒙古芯芭	314
角蒿	315

黄花角蒿	316	艾	349
楸	317	白莲蒿	350
梓	318	大籽蒿	351
黄花列当	319	黑沙蒿	352
列当	320	茵陈蒿	353
肉苁蓉	321	猪毛蒿	354
车前	322	花花柴	355
平车前	323	火绒草	356
小车前	324	刺儿菜	357
蓬子菜	325	甘菊	358
茜草	326	苣荬菜	359
鸡树条	327	抱茎苦荬菜	360
锦带花	328	砂蓝刺头	361
金银忍冬	329	蒙疆苓菊	362
忍冬	330	漏芦	363
猬实	331	麻花头	364
糙叶败酱	332	多裂蒲公英	365
葫芦	333	华蒲公英	366
甜瓜	334	蒲公英	367
南瓜	335	秋英	368
西葫芦	336	乳苣	369
桔梗	337	刺疙瘩	370
长柱沙参	338	火媒草	371
百花蒿	339	菊芋	372
百日菊	340	向日葵	373
苍耳	341	蓼子朴	374
大丽花	342	旋覆花	375
顶羽菊	343	拐轴鸦葱	376
节毛飞廉	344	鸦葱	377
一年蓬	345	灌木亚菊	378
草地风毛菊	346	联毛紫菀	379
碱地风毛菊	347	栉叶蒿	380
阿尔泰狗娃花	348	水烛	381

白茅	382		扁秆荆三棱	407
冰草	383		山丹	408
沙芦草	384		葱	409
芒颖大麦草	385		碱韭	410
拂子茅	386		蒙古韭	411
假苇拂子茅	387		细叶韭	412
高粱	388		野韭	413
苏丹草	389		兴安天门冬	414
狗尾草	390		黄花菜	415
粟	391		萱草	416
虎尾草	392		知母	417
画眉草	393		射干	418
芨芨草	394		马蔺	419
羊草	395		细叶鸢尾	420
白草	396		鸢尾	421
芦苇	397		美人蕉	422
马唐	398		裂瓣角盘兰	423
沙鞭	399			
稷	400		附录一：蕨类植物	424
莜麦	401		附录二：柳属分种	425
玉蜀黍	402		附录三：定边杨树品种简介	426
硬质早熟禾	403			
大针茅	404		参考文献	428
沙生针茅	405			
长芒草	406		中文植物名称检索	429

定边植物图鉴

木贼科 | 木贼属
节节草

别名：土麻黄 草麻黄 木贼草　　学名：*Equisetum ramosissimum*

多年生草本，宿根。根茎匍匐状，黑色，有节，从节上生出多数呈轮生的黑褐色根。地上茎高18～30厘米，直立，从基部分枝，各分枝中空，有棱脊6～20条，粗糙。叶退化，下部联合成鞘，鞘齿短三角形，黑色，每枝有小枝2～5个。孢子囊穗生分枝顶端（少有生小枝顶端），长0.5～1厘米，矩圆形，有小尖头。孢子多数，具弹丝，遇水即弹开，以便繁殖。茎在4月上旬萌发，4月底出土，孢子囊穗在5～7月抽出。

节节草广泛分布于全国各地。节节草在定边广布于滩区较潮湿的固定沙地、田边、路旁和山区缓坡林下，小片生存，喜湿润环境，也耐旱。

节节草丛生鲜绿，分枝多，露地栽培可作山坡、土丘、小区绿化等半阴处的地被植物。

全草入药，味甘、微苦、无毒。

银杏科 | 银杏属
银 杏

别名：白果　　学名：*Ginkgo biloba*

落叶乔木，高可达10米以上。主干直立，枝条繁茂，树皮灰白色，幼枝黄灰色。枝有长短两种，叶在短枝上簇生，在长枝上互生。叶片扇形，长4～8厘米，宽5～10厘米，先端中间2浅裂，基部楔形，叶脉平行，绿色，落叶前变黄色，叶柄长2.5～7厘米。球花单性，雌雄异株；雄花呈下垂的短荑黄花序，4～6个生于短枝上的叶腋内；雌花2～3个聚生于短枝上，每花有一长柄，柄端两叉，各生一心皮，胚珠附生于上，通常只有一个胚珠发育成熟。种子核果状，倒卵形或椭圆形，长2.5～3厘米，淡黄色，被白粉状蜡质；外种皮肉质，有臭味；内种皮灰白色，骨质，两侧有棱边。花期5月，果期9～10月。

银杏是种子植物中现存最古老的孑遗植物，被称"活化石"，原生种被国家定为二级保护植物。

引进十余年来，在庭院绿化、造林绿化和小区绿化中广泛栽植，生长良好。树形美观，树叶独特，秋天叶黄色，极具观赏价值。

种子名白果，白果入药。银杏的根、根皮和叶亦供药用。

用种子或者分蘖繁殖。

定边植物图鉴

松科 | 松属
白皮松

别名：白果松 虎皮松 蟠龙松　　学名：*Pinus bungeana*

常绿乔木，树冠中年前塔形，老年圆形，分枝粗壮。树皮幼时灰绿色，老树灰褐色，裂成不规则薄片脱落，内皮白色；小枝灰绿色，无毛冬芽纺锤形，红褐色，无树脂。针叶3针一束，粗硬，灰绿色，长5～10厘米，宽1.5～2毫米，两侧有气孔线。叶鞘早落，针叶保持3～4年。球果单生，圆锥状或圆卵形，长5～7厘米，径4～6厘米，成熟淡黄褐色。种子圆卵形，直径1厘米左右，有种翅。花期5月，果期翌年9～10月。

近年被园林绿化工程引进，在广场、小区中作景栽植。喜温湿环境，不耐干燥气候。

松科 | 松属
油松

别名：松树　　学名：*Pinus tabuliformis*

常绿乔木，树形高大，树冠塔形或卵圆形，一年生枝，淡灰黄色或淡褐红色；冬芽褐色。叶2针一束，稀3针一束，长6.5～15厘米，粗硬，叶鞘宿存。花单性，雌雄同株，一年生小球果的种鳞顶部有刺，球果卵圆形，长4～9厘米，鳞盾肥厚，横脊显著，鳞脐凸出有刺，熟时暗褐色，常宿存树上数年不落。种子卵形，长6～8毫米，翅长1厘米，有褐色条纹。花期4～5月，果期次年10月，种子千粒重37.3～44.6克。

油松原产于我国，自然分布范围很广，北至内蒙古的阴山，西至青海祁连山，南至川甘接壤地区，东至山东的蒙山，以山西、陕西为其分布中心，有较大面积的纯林；垂直分布在海拔500米以上～1 900米以下，特别是海拔低、降水多、湿度大的地方，在阳坡、阴坡均有分布。不适宜湿地和积水地带栽植。

用于造林绿化的油松除上述范围还喜肥厚的壤土、垆土和半石砾地带，避免水湿和季节性积水区。

松科 | 松属
樟子松

别名：海拉尔松　　学名：*Pinus sylvestris* var. *mongolica*

常绿乔木，老树皮厚。树干灰褐色或黑褐色，鳞片状开裂，树干上部黄褐色或淡黄色，薄鳞片状脱落。当年枝黄褐色，无毛，三年生枝灰褐色。针叶2针一束，粗硬，微扭曲，长5～9厘米，宽1.5～2毫米，叶鞘宿存，黑褐色。球果圆锥状或卵形，长3～6厘米，直径2～3厘米，成熟时黄绿色。种子黑褐色，长5毫米，有种翅。花期6月，果期翌年9～10月成熟。

原产地大兴安岭及海拉尔红花尔基，根系发达，适应性强，喜光耐寒。1984年从榆林樟子松种子园引入大苗，栽植于机关院落和马莲滩苗圃，生长良好。1988年从章古台引进种子大面积育苗。现广泛分布，成为城镇绿化、沙区造林主要树种。

松科 | 云杉属
白杄

别名：云杉　　学名：*Picea meyeri*

常绿乔木，高达30米；树皮灰褐色，裂成不规则薄块片脱落。一年生枝黄褐色，基部宿存芽鳞反曲。冬芽圆锥形。叶四棱状条形，微弯，长1.3～3厘米，先端钝尖或钝，横切面四菱形，四面有粉白色气孔线。球果长圆状圆柱形，长6～9厘米，熟前绿色，熟时褐黄色；中部种鳞倒卵形，上部圆形、截形或钝三角状。种子连翅长1.3厘米。花期4月，球果9月下旬至10月上旬成熟。

最早是冯地坑李寨子李姓商人从甘肃天水带回数株，战乱中场院失火烧死几株，仅存2株。1975年林业部门从宁夏引进，栽植于县委、县政府和机关大院，后逐年引进，现全县普遍有分散栽植。

松科 | 云杉属
青海云杉

别名：祁连山云杉　　学名：*Picea crassifolia*

常绿乔木，树冠尖塔形，树皮灰褐色，鳞状开裂，片状剥落。树枝年轮生，有叶枕，一年生枝淡黄绿色，略有短毛，二至三年生枝呈粉红色，略存白粉；小枝基部宿存的芽鳞先端反曲；芽圆锥形。叶四棱状条形，长1.5～2.5厘米，先端钝，在枝上螺旋状排列，顺有气孔线，微弯。雌雄同株。球果单生枝顶，下垂，圆柱形，幼果紫红色，熟后褐色，长7～11厘米。种子上端有膜质翅，淡褐色。花期5月，果期9～10月。

用材林树种，生长快，节间长。1997年从青海北山引入，机关院落有零星栽植。近年从宁夏、甘肃引进的苗木中，多品种混杂。

柏科 | 刺柏属
杜松

别名：刚桧 崩松　　学名：*Juniperus rigida*

常绿乔木。树冠尖塔形或圆锥形，树皮纵裂，灰褐色。幼枝三棱形，由黄绿色渐变灰褐色，无毛。叶为刺形，3叶轮生，质坚硬，先端锐尖，长12～17毫米，宽1～1.3毫米，上面下凹成槽形，沟槽有白粉带，下面有明显纵脊。球果球形，腋生，直径6～8毫米，熟时蓝褐色或蓝黑色，有白粉，不开裂。种子1～3粒，卵圆形，顶端尖。花期5月，第二年9～10月成熟。

园林绿化树种。根系发达，喜光，耐寒耐旱，适应性强。1997年引进大苗在引黄局门口街道边栽植，现街道边保存十余株，生长正常；各苗圃有引进栽培。

球果和种子可入药。

柏科 | 刺柏属
沙 地 柏

别名：叉子圆柏 臭柏 爬地柏　　学名：*Juniperus sabina* var. *Sabina*

　　常绿灌木。多分枝，密集，匍匐状，先端斜伸，树皮灰褐色，裂成薄片剥落。幼枝圆柱形。叶有刺状叶和鳞状叶二型，幼龄株多刺状叶，轮生，长5～7毫米，先端尖；鳞状叶长1.5～2.5毫米，生于壮龄树，较密，先端锐尖，对生。球果单生于健壮下垂枝顶端，不规则卵状球形，长5～9毫米，有白粉，熟时紫黑色或褐紫色。有种子2～3粒，具棱脊。花期5月，果期9～10月。

　　绿化和固沙树种，根系发达，抗性强，枝条被沙埋或着生地面能生出不定根，地被和固沙效果好。普遍栽培。

　　根、枝、果、叶皆可入药。

柏科 | 刺柏属
圆 柏

别名：桧柏 桧　　学名：*Juniperus chinensis*

常绿乔木，树冠尖塔形至广圆形，树皮红褐色或灰褐色，幼壮时片状剥落，老龄时浅纵裂。叶有刺叶和鳞叶二型，刺叶3叶轮生，先端有尖刺；鳞叶交互对生，幼树多为刺叶。壮年树两种叶兼有，树梢部多鳞叶，老龄树多为鳞叶。雌雄异株。球果近球形，径6～8毫米，幼果浅绿色，被白粉，成熟时紫褐色，被白粉，不开裂。有种子2～3粒，无种翅。花期4～5月，第二年9～10月成熟。

园林绿化树种，近年多有引进或培育苗栽植，分布于城镇绿化、小区、广场、公园和院落。品种有华北桧、北京桧、河南桧等，生长和形态特征各异，差别很大。名称很多，有桧柏、圆柏、球柏、桧柏球、塔柏、千头柏等。

枝、叶、树皮均可入药。

柏科 | 侧柏属
侧 柏

别名：柏树 扁柏 香柏　　学名：*Platycladus orientalis*

常绿乔木，树冠圆锥形，树皮淡褐色或灰褐色，网条状纵裂。边叶小枝扁平，排成一平面，绿色；叶鳞状，交互对生，叶背中部有腺槽。雌雄同株。球花单生枝顶。球果当年成熟，卵圆形，长1.5～2厘米，表面有不规则凸起，幼果肉质，蓝绿色，被白粉，熟后红褐色，木质，张开。种鳞6片，顶端有反曲尖头。种子长卵形，无翅。花期5月，果期9～10月成熟。

20世纪90年代以来大量引进和自育侧柏，其在退耕还林、荒山造林和城镇绿化工程中广泛栽植，适应性强，生长良好。

种子、树皮、树根、枝叶均可药用。

麻黄科 | 麻黄属
草麻黄

别名：华麻黄 麻黄　　学名：*Ephedra sinica*

多年生草本状小灌木，高30～70厘米。根茎木质匍匐状，黄褐色；革质茎直立，由基部簇生，黄绿色，节间长3～4厘米，直径2毫米。鳞状叶膜质，鞘状，长3～4毫米，下部合生，围绕茎节，上部二裂，裂片锐三角形，中间有二脉。鳞球花序。雌雄异株，少有同株者。雄花序阔卵形，3～5个成复穗状，顶生或侧枝顶生，苞片3～5对，革质，边缘膜质，每苞片内各有一雄花。雌花序单生顶枝，卵圆形；苞片4～5对，绿色，革质，边缘膜质。雌长序成熟时苞片增大，肉质，红色。种子2枚，卵形。花期5～6月，种子成熟期8～9月。

分布于山坡、平原、干燥荒地、河床及草原等处，常组成大面积的单纯群落。

为重要的药用植物，生物碱含量丰富，仅次于木贼麻黄。

杨柳科 | 柳属
北沙柳

别名：线柳　　学名：*Salix psammophila*

落叶灌木或小乔木，高达3～4米，茎直立，丛生，主干粗壮，少分枝，灰绿色，上部多分枝，分枝细而柔韧，紫红色或红绿色。叶条形或条状披针形，长1.5～5厘米，宽3～7毫米，全缘，有细齿，叶面绿色，初生有绢状毛，后几无毛，背面灰绿色，有丝毛，叶柄长2～3毫米。花序轴密生长柔毛。蒴果无梗。花期4月，果期5月上旬。

普遍分布于沙地、丘间地和梁原地埂畔，适应性强，生长旺盛，耐平茬，是固沙和农田防护林的优良植物，平茬枝梢也是优质薪柴。插条繁殖或丘间低地种子繁殖。枝条柔韧，是优质编织材料，粗枝可作耙耱。

杨柳科｜柳属
垂柳

别名：倒吊柳　　学名：*Salix babylonica*

落叶乔木，幼树灰绿色，光滑，老皮暗灰黑色，纵裂，树冠开阔，幼枝下垂，细柔，长。叶狭披针形，先端渐尖，基部圆钝，叶缘具细锯齿，网状脉，叶长5～10厘米，宽1～1.5厘米，叶柄长2～6毫米。根系细密，发达，适应性较强。

普遍栽植于绿化工程和小区、广场、庭院等区域。

杨柳科 | 柳属
旱柳

别名：脑椽树 柳树 材柳　　学名：*Salix matsudana*

落叶乔木，高达10米多，分枝斜升开展，树冠开阔，圆头状。小枝细，初生微有柔毛，后脱落光滑，树皮暗灰黑色，厚，纵裂，细枝淡黄绿色。叶狭披针形或条状披针形，先端长渐尖，基部钝或近圆形，叶缘具细锯齿，上面绿色，背面灰绿色，初具柔毛，后光滑，网状脉，叶长5～8厘米，宽1～1.5厘米，叶柄短，2～8毫米。雄花序先叶开放，黄色；雌花与叶同时开放。花期4月上中旬，果期5月上旬。

全县普遍分布，是20世纪五六十年代主要造林树种，根系细密、发达，适应性强。木材可做成椽、檩子和大梁，亦是车辕、农具、家具材料。现普遍用于园林绿化工程。种子存活期短，以扦插育苗、插杆栽植和插条造林为主。

杨柳科 | 柳属
龙爪柳

别名：龙须柳　　学名：*Salix matsudana* f. *tortuosa*

落叶乔木，大树树皮暗灰色，浅纵裂，幼枝浅绿色，分枝角度小，卷曲上伸。叶披针形，先端渐尖，基部圆钝，叶缘具细锯齿，网状脉，叶长4～8厘米，宽1.2～1.5厘米，叶柄2～6毫米。

旱柳的栽培变种，20世纪60年代引入，场圃院落有栽植，生长良好。适宜于小区、广场绿化工程栽植。

杨柳科 | 柳属
馒头柳

别名：大叶相思　　学名：*Salix matsudana* f. *umbraculifera*

旱柳的栽培变种，与原变型的主要区别为：分枝密，端稍整齐，树冠半圆形，如同馒头状。北京普遍栽培，多作为庭荫树和行道树。近年引进，表现良好。

杨柳科｜柳属
小红柳

别名：毛柳 红皮柳 乌柳　　学名：*Salix microstachya var. bordensis*

落叶灌木，高1~1.5米，丛生枝细柔，多分枝，半下垂，枝条红褐色，幼时有长柔毛，后脱落或少存。叶条形或狭条状披针形，长2~5厘米，宽2~4毫米，全缘，有疏细齿，初生叶有短柔毛，后无毛，叶柄长3~5毫米。葇荑花序，花序轴有柔毛。蒴果。种子有种毛。

普遍分布于沙区丘间和梁原畔地埂。插条繁殖或种子繁殖，丘间地有大面积落种繁殖群落。枝条柔韧，是优质的编织材料和农村柴、草、庄稼的捆绑材料。

杨柳科 | 杨属
合作杨

别名：小美旱杨　　学　名：*Populus opera*

落叶乔木，高达30米，树冠近塔形。树皮灰褐色。侧枝细，与主干呈45～60度角。幼枝具棱。叶片近圆形、椭圆形或菱状卵形，端渐尖，叶基广楔形或近圆形，叶缘具细密钝锯齿；叶柄纤细，稍扁平。柔荑花序。果序长7～9厘米，蒴果长3～4毫米。花期3～4月，果期5月。

本种由中国林业科学院用小叶杨与钻天杨杂交育成。20世纪60年代引入。喜光、耐寒、抗旱、适应性强，生长快。四旁绿化树，20世纪60年代主要造林树种之一，分布极广。扦插繁殖。

杨柳科 | 杨属

河北杨

别名：青杨 白杨 串杨 印杨　　学名：*Populus* × *hopeiensis*

落叶乔木，高达20米，树冠广圆形，树皮光亮，白色、灰白色或绿白色。腋芽和顶芽圆形，先端急尖，褐色，微被短柔毛，无黏胶。小枝圆筒状，灰褐色或黄褐色，光滑。萌生茎叶互生，圆形或椭圆形，长8～15厘米，大而被短柔毛；短枝上

叶互生，卵形或圆卵形，先端急尖，基部阔楔形或圆形，缘具波齿，长3～6厘米，两面初被短柔毛，后渐脱落；叶面深绿色，叶背苍白；叶柄扁平，光滑，细弱，与叶片等长。葇荑花序，只有雌花序，序轴被长柔毛；蒴果长卵形，开裂后假种子具长毛。花期4月中下旬，果期5月中旬。

乡土树种，南部山区有广泛分布，根蘗能力极强，白马崾先许湾村1984年在沟谷栽植河北杨，现整坡面根蘗成林。老坟台有180年树龄古树。扦插育苗或断根繁殖。

有五个类型：

1. 樊学；2. 许湾村；3. 新安边；4. 铁角城；5. 蒙海子。

杨柳科 | 杨属
胡杨

别名：变叶杨 异叶杨　　学名：*Populus euphratica*

　　落叶乔木，高15～20米。树皮灰黄色，网状纵裂，幼枝淡灰褐色，初被短柔毛，后渐脱落。冬芽被短柔毛，无黏胶。叶形变异大，长枝和幼龄树的叶披针形，条状披针形或菱形，长5～12厘米，全缘或6～10疏锯齿，灰色或蓝绿色，叶柄稍扁，长0.5～2厘米，顶端具2腺；短枝和老树上的叶广椭圆形或肾形，长2.5～5.5厘米，全缘或具11～15齿牙。柔荑花序，雌花序长于雄花序。果穗长6～10厘米，蒴果长椭圆形，2裂。

　　胡杨根系发达，萌蘖力极强，曹圈苗圃于1964年栽植的现胸径达40厘米，根蘖苗达10米以上。寿命长，材质好，在原产地新疆有"千年不枯，千年不倒，千年不腐"之称。在马莲滩苗圃、曹圈苗圃和长茂滩林场有分布。

杨柳科 | 杨属
加杨

别名：欧美杨　　学名：*Populus × canadensis*

　　落叶乔木，树形高大，树冠卵形。树皮粗厚，深沟纵裂，色暗。枝条向上斜伸，小枝圆筒形，有明显棱角，光滑。芽大，呈牛角状而尖，绿色，具黏胶。叶三角形或三角状卵形，长枝和萌生枝叶大，长7~10厘米，先端渐尖，基部截形或宽楔形，缘具圆锯齿，叶面绿色，背面深绿；叶柄淡红色。果序长达20厘米。花期4月底。

　　喜光耐湿树种，根系发达，适应性强，分布广。我县引入后，主要用于国有林场、苗圃育苗和场部、沙地造林，现沙地有零星和小片状分布。

杨柳科｜杨属
青杨

别名：背达树 冬瓜杨　　学名：*Populus cathayana*

乔木，高达30米。树冠阔卵形；树皮初光滑，灰绿色，老时暗灰色，沟裂。枝圆柱形，有时具角棱，幼时橄榄绿色，后变为橙黄色至灰黄色。短枝叶卵形、椭圆状卵形、椭圆形或狭卵形，长5～10厘米，宽3.5～7厘米，最宽处在中部以下，先端渐尖或突渐尖，基部圆形，边缘具腺圆锯齿，上面亮绿色，下面绿白色，脉两面隆起，具侧脉5～7条，叶柄圆柱形，长2～7厘米；长枝或萌枝叶较大，卵状长圆形，长10～20厘米，基部常微心形；叶柄圆柱形，长1～3厘米。雄花序长5～6厘米，苞片条裂；雌花序长4～5厘米；果序长10～20厘米。蒴果卵圆形。花期3～5月，果期5～7月。

生于海拔800～3 000米的沟谷、河岸和阴坡山麓。性喜湿润或干燥寒冷的气候，为我国北方的常见树种。四旁绿化及防护林树种。

杨柳科 | 杨属
小叶杨

别名：背达树 冬瓜杨　　学名：*Populus simonii*

落叶乔木，高15～20米，主干通直，上部分枝角度大，树冠开阔。树皮灰褐色，纵沟裂。幼枝光滑，具棱角，红褐色。叶菱状倒卵形或菱状椭圆形，长4～12厘米，宽3～8厘米，先端急尖或渐尖，基部楔形或狭圆形，边缘具细钝锯齿，上面浅绿色，背面淡绿白色；叶柄0.5～3厘米，带红色。柔荑花序，雌雄同株，长度近相等。3瓣裂。花期4月，果期5月。

我县乡土树种，在山滩区普遍分布，曾是20世纪五六十年代主要造林树种，插杆栽植较多。扦插、播种育苗皆易。山区梁、塬、涧地和梁峁、崾先普遍有古树生长，有树龄200年以上者。

杨柳科 | 杨属
新疆杨

别名：帚形银白杨　　学名：*Populus alba* var. *pyramidalis*

落叶乔木，高20～30米，树冠塔形，分枝角度小；树干端直，树皮灰白色，无裂沟，幼枝淡绿色，初被绒毛，后渐脱落，光滑。腋芽圆锥形，微弯，淡绿色，无黏胶；基部鳞片被薄绒毛，上部鳞片光滑，具缘毛；顶芽圆锥形，紫色，大于腋芽。叶片近圆形或椭圆形，长枝上叶浅裂，长8～15厘米，短枝上叶缘具粗锯齿，叶下面被薄绒毛；叶柄扁平，微呈淡红色，长2.5～4厘米。柔荑花序，雄性花序。

自1975年以来逐年引进和扦插育苗，现遍布全县，成为造林和绿化工程主要树种。有四种类型：

1. 树干圆柱形，深绿色，生长较慢，树型小。
2. 树干圆柱形，灰绿色，生长快，树型高大。
3. 树干圆柱形，稍扁，灰白色，分枝角度大。
4. 树干不规则扁形，灰绿色，生长快，速生型。

杨柳科｜杨属
钻天杨

别名：美杨 美国白杨　　学名：*Populus nigra* var. *italic*

乔木，高达30米。树皮暗灰褐色，老时沟裂，黑褐色；树冠圆柱形。侧枝呈20～30度角开展，小枝圆，光滑，黄褐色或淡黄褐色，嫩枝有时疏生短柔毛。长枝叶扁三角形，通常宽大于长，长约7.5厘米，先端短渐尖，基部截形或阔楔形，边缘钝圆锯齿；短枝叶菱状三角形或菱状卵圆形，长5～10厘米，宽4～9厘米，先端渐尖，基部阔楔形或近圆形；叶柄上部微扁，长2～4.5厘米。雄花序长4～8厘米；雌花序长10～15厘米。蒴果2瓣裂。花期4月，果期5月。

钻天杨喜光、抗寒、抗旱、耐干旱气候、稍耐盐碱及水湿，但在低洼常积水处生长不良。一般只见雄株。为20世纪60年代主要造林树种之一。

定边植物图鉴

胡桃科 | 胡桃属
胡桃

别名：核桃　　学名：*Juglans regia*

落叶乔木，高10~15米，分枝开阔，树冠圆形，树皮灰色，有纵裂沟。小枝光滑，有皮孔，髓心空，髓部片状。单数羽状复叶，长25~30厘米，叶片5~9个，长椭圆形，长6~12厘米，宽3~6厘米，先端急尖或渐尖，基部圆形或广楔形，上面无毛，背面仅脉腋有短毛，全缘，有不明显锯齿。雄花序葇荑状，下垂，长5~15厘米；雌花序穗状，直立，一个花序有花1~3朵。果梗短，果实球形，光滑，绿色，外果皮肉质，不规则开裂；内果皮骨质，表面凹凸皱褶，有两条纵棱，先端有短尖头。花期5月，果熟期10月。

山区向阳坡地有栽培，南部山区樊学以南分布较普遍。白马崾先镇伙场有近200年大树，生长旺盛，结果正常。近年引进薄壳品种5个，于山区梁原地栽培示范，正在初果期。

胡桃科 | 核桃属
黑胡桃

别名：黑核桃 美国黑核桃　　学名：*Juglans nigra*

落叶大乔木，树皮暗褐色，网状纵裂。分枝斜升，幼枝灰白色，光滑，初生有疏柔毛，髓部片状隔。偶数羽状复叶长20～35厘米，有小叶10～18个，长倒卵形，长5～10厘米，宽3～4厘米，先端长渐尖，基部心形，叶缘具锯齿；叶柄2～3毫米，羽状叶脉，背面凸起。雄花序荑黄状，下垂，雌花序短穗状，直立，一花序有花1～3朵。果实圆球形，绿色，外果皮肉质，肥厚，内果皮骨质，表面凹凸皱褶密集，皱褶棱尖，先端尖头。花期5月，果期9月。

2015年引入，零星栽植，高达15米，胸径18厘米，生长快，材质好，是优质用材树种。

壳斗科 | 栎属
辽东栎

别名：辽东柞 柴树　　学名：*Quercus wutaishanica*

落叶乔木，高达15米。小枝无毛。叶倒卵形或倒卵状长椭圆形，长5~15厘米，先端短钝尖，基部狭并常耳状，粗钝齿5~8对，幼叶沿脉疏被毛，老叶近无毛，侧脉7~11对；叶柄长2~5毫米，无毛。壳斗杯状，包着1/3坚果，径1.2~1.5厘米，小苞片扁平三角形，背部瘤状微突起；坚果卵圆形或长卵圆形，径1~1.3厘米。花期4~5月，果期9~10月。

原产黄河流域及东北，在北方作园林绿化树种。引进树种，表现良好。

榆科 | 榆属
榆 树

别名：榆 白榆 家榆　　学名：*Ulmus pumila*

落叶乔木，高10～15米，树皮暗灰色，厚，纵裂，粗糙；小枝柔软，灰绿色，近无毛。叶互生，倒卵形或椭圆状披针形，长2～7厘米，宽1.5～2.5厘米，顶端锐尖或渐尖，基部楔形，对称，边缘具整齐单锯齿；羽状叶脉9～12对，叶面暗绿色，无毛，下面幼时有短毛；叶柄长2～8毫米。花簇生，多数，先叶开放，有短梗，先年生叶腋，花被片4～5片。翅果近圆形或倒卵形，长1～1.5厘米，无毛，顶端有缺口，熟时黄白色，种子位于翅果中央。花期4月中下旬，果期5月上旬。

全县普遍生长，滩区村庄周围和山区坡、塬沟畔较多，100～300多年生古树多有，种子繁殖。

嫩果俗称榆钱，可食，叶、皮可入药。

定边植物图鉴

榆科 | 榆属
垂枝榆

别名：倒吊榆　　学名：*Ulmus pumila* cv. 'Tenue'

　　落叶乔木，树冠系嫁接，枝条细柔下垂，幼枝灰黄色，具短柔毛。叶互生，倒卵形或椭圆状披针形，长6～9厘米，宽3～4厘米，先端长渐尖，基部楔形，不对称，边缘具重锯齿；叶柄长2～6毫米，羽状脉，侧脉8～12对。

　　以白榆作砧木高接换头品种，细枝能垂至地面，树形美观。多在广场、小区绿化中栽植。引进不足十年，广泛栽植，生长良好。

榆科｜榆属
大果榆

别名：黄榆　山榆　　学名：*Ulmus macrocarpa*

落叶乔木或灌木状，高达20米；树皮暗灰或灰黑色，纵裂。小枝（尤以萌芽枝及幼树小枝）有时两侧具对生扁平木栓翅；幼枝疏被毛。叶厚革质，宽倒卵形、倒卵状圆形、倒卵状菱形或倒卵形，稀椭圆形，长4～10厘米；先端短尾状，基部渐窄或圆，稍心形或一边楔形，两面粗糙，上面密被硬毛或具毛迹，下面常疏被毛，脉上较密，脉腋常具簇生毛，侧脉6～16对，具大而浅钝重锯齿或兼具单锯齿；叶柄长0.2～1厘米。花自花芽或混合芽抽出，在先年生枝上成簇状聚伞花序或散生于新枝基部。翅果宽倒卵状圆形、近圆形或宽椭圆形，长2～4厘米，果核位于翅果中部；果柄长2～4毫米，被毛。花果期4～5月。

生于海拔700～1 800米地带之山坡、谷地、台地、黄土丘陵、固定沙丘及岩缝中。阳性树种，耐干旱，能适应碱性、中性及微酸性土壤。

在郝滩乡有一棵大果榆树，生长良好，根蘖旺盛。

榆科 | 榆属
裂叶榆

别名：青榆 麻榆 大叶榆　　学名：Ulmus laciniata

　　落叶乔木，高10～25米；树皮淡灰褐色，浅纵裂，裂片较短，常翘起，表面常呈薄片状剥落。叶倒卵形、倒三角形、倒三角状椭圆形，长7～18厘米，宽4～14厘米，先端通常3～7裂，不裂之叶先端具或长或短的尾状尖头，基部明显地偏斜，边缘具较深的重锯齿；叶面密生硬毛，粗糙，叶背被柔毛，叶柄极短，长2～5毫米。花在先年生枝上排成簇状聚伞花序。翅果椭圆形或长圆状椭圆形，长1.5～2厘米，宽1～1.4厘米，除顶端凹缺柱头面被毛外，余处无毛；果核部分位于翅果的中部或稍向下。宿存花被无毛，钟状，常5浅裂，裂片边缘有毛，果梗常较花被为短，无毛。花果期4～5月。

　　生于海拔700～2 200米地带之山坡、谷地、溪边之林中。

　　优良观赏树种，近年来园林绿化引进，表现尚可。

榆科 | 榆属
圆冠榆

别名：圆叶榆　　学名：*Ulmus densa*

落叶乔木，枝条直伸至斜展，树冠密，近圆形；幼枝被毛，当年生枝无毛，淡褐黄色或红褐色，二或三年生枝常被蜡粉。叶卵形，长4～9厘米，宽2.5～5厘米，先端渐尖，基部偏斜，一边楔形，一边耳状，叶面幼时有硬毛，后有凸起或平的毛迹，粗糙或平滑；脉腋有簇生毛，边缘具钝的重锯齿或兼有单锯齿，叶柄长5～11毫米。花在先年生枝上排成簇状聚伞花序。翅果长圆状倒卵形、长圆形或长圆状椭圆形，果核部分位于翅果中上部，上端接近缺口。宿存花被无毛，4浅裂，果梗较花被为短，无毛。花果期4～5月。

引种栽培。生长良好。

桑科 | 构属
构树

别名：楮　楮树　勾勾树　　学名：*Broussonetia papyrifera*

落叶乔木，具乳汁，树皮平滑，灰色。小枝较粗壮，具短柔毛。叶互生，宽卵形或矩圆状卵形，长7~18厘米，宽4~10厘米，先端长渐尖，基部圆形、截形或广楔形，叶缘具粗齿，幼树叶常具深裂片，三出脉，叶面暗绿，粗糙，叶背灰绿，具短柔毛，叶柄长3~8厘米，被丝毛。花单性，雌雄异株，雄花序荑葇状，下垂；雌花序圆头状。复花果头状，由多数橙红色具宿存花被及苞片的小核果组成，直径3厘米，成熟时小核果肉质。花期5月，果期8月。

南部山区有零星栽植或园林栽培引种，适应性强，生长快，根蘖性强，用种子、分蘖或分根繁殖。

果实可食，亦为强壮剂。根、皮可入药。

桑科 | 桑属
桑

别名：桑树 家桑 白桑　　学名：Morus alba

落叶小乔木。幼树灌木状，多分枝。树皮厚，纵裂，树皮黄褐色，小枝灰黄色，初生枝微具短柔毛。叶互生，卵形或广卵形，不分裂或各种分裂，先端急尖或渐尖，基部圆形或浅心形，叶缘具粗齿，齿端钝，叶面淡绿色，常平滑，背面脉上具柔毛，叶柄长1～3厘米。花单性，雌雄异株，均腋生。聚花果长1～2.5厘米，红色、紫红色或黑紫色。花期5月，果期6～7月。

全县有零星分布，品种多，叶形变化多样。

果实（桑椹）可食，叶可养蚕。其根的内皮层、叶和果实可入药。

桑科 | 桑属
龙桑

别名：九曲桑 龙头桑　　学名：Morus alba cv. Tortuosa

落叶小乔木，树皮光滑，灰黄色或白黄色，茎枝扭曲上伸，树冠塔形，幼枝淡黄色。叶面粗糙，圆卵形或椭圆形，先端圆或渐尖，基部截形或心形，叶缘具粗锯齿，常有1浅裂；叶柄长3~5厘米，具柔毛。

近年引入，在广场有栽植，生长良好。

大麻科 | 大麻属
大麻

别名：麻子 野大麻　　学名：*Cannabis sativa*

一年生草本，茎直立，高1~3米，有纵棱纵沟，密生短柔毛，皮层富纤维，中、上部多分枝。叶互生或下部对生，掌状全裂，裂片5~9片，披针形或条状披针形，边缘有锯齿，上面有糙毛，下面被灰白色毡毛；叶柄长5~15厘米，被柔毛。花单性，雌雄异株；雄花成疏散的圆锥花序，花下垂，黄绿色；雌花丛生叶腋，绿色。瘦果圆卵形，微扁，为宿存的黄褐色苞片包裹，种子表面有花纹。花期7~8月，果期9月。

为本地区主要油料作物，广泛种植。

种子榨油，有微毒，可食用。叶及种子可入药。

大麻科 | 葎草属
葎草

别名：勒草 拉拉藤 锯锯藤　　学名：Humulus scandens

缠绕草本，茎、枝、叶柄均具倒钩刺。叶纸质，肾状五角形，掌状5～7深裂稀为3裂，长宽约7～10厘米，基部心脏形，表面粗糙，疏生糙伏毛，背面有柔毛和黄色腺体，裂片卵状三角形，边缘具锯齿；叶柄长5～10厘米。雄花小，黄绿色，圆锥花序，长约15～25厘米；雌花序球果状，径约5毫米，苞片纸质，三角形，顶端渐尖，具白色绒毛；子房为苞片包围，柱头2个，伸出苞片外。瘦果成熟时露出苞片外。花期春夏，果期秋季。

常生于沟边、荒地、废墟、林缘边。茎皮纤维可作造纸原料，种子油可制肥皂，果穗可代啤酒花（H. lupulus）用。

桑寄生科 | 桑寄生属
北桑寄生

别名：桑寄生　　学名：*Loranthus tanakae*

半寄生小灌木，茎圆柱形，光滑，二歧分枝，嫩枝绿色或暗紫色，老枝暗褐色。叶对生，倒卵形或椭圆形，具短柄。穗状花序顶生，花单性，雌雄同株，黄绿色。浆果卵状球形，熟时橙黄色，果皮光滑。花期5～6月，果期9～10月。

樊学、白马崾先有零星分布，常寄生在榆树、山杏、柳树、杨树上。对寄主有害。借鸟类食其果实传播。

全草入药。

定边植物图鉴

蓼科 | 大黄属
波叶大黄

别名：华北大黄 土大黄　　学名：*Rheum rhabarbarum*

多年生高大草本。茎直立，高1~1.5米，光滑无毛，中空。基生叶三角状卵形或近卵形，长30~40厘米，宽20~30厘米，顶端钝尖或钝急尖，常扭向一侧，基部呈心形，边缘具强皱波，基出脉5~7条，于叶下面凸起，叶面深绿色，光滑无毛或在叶脉处具稀疏短毛，下面浅绿色，被白毛；茎生叶较小，三角形或卵状三角形，互生；叶鞘大，淡粉红色，膜质。圆锥花序顶生，花白绿色，5~8朵簇生，幼时呈紫红色。瘦果三角形，有翅，顶端钝，基部呈心形，棕色。花期6~7月，果期7~8月。

零星分布。栽植于房前屋后或地埂。种子育苗移栽。

根、茎可入药，味苦，性寒。

蓼科 | 蓼属
萹蓄

别名：扁竹 竹叶草　　学名：*Polygonum aviculare*

一年生草本。茎匍匐或斜升，15～50厘米，基部分枝甚多，具明显的节及纵沟纹；幼枝上微有棱角。叶互生；叶柄短，2～3毫米；叶片披针形至椭圆形，长5～16毫米，宽1.5～5毫米，先端钝或梢尖，基部楔形，全缘，绿色，两面无毛；托叶膜质，抱茎。花6～10朵簇生于叶腋，花梗短。瘦果卵形，具3棱，黑色或褐色，表面具不明显细纹或小点。花期6～8月，果期9～10月。

普遍分布于田野、荒地。种子繁殖。

地上部分可入药，味苦，性微寒。

蓼科 | 蓼属
红蓼

别名：东方蓼 水红花　　　学名：*Polygonum orientale*

一年生草本。茎直立，多分枝，红紫色，无毛，节部膨大。叶互生，有长柄；叶片卵形或宽卵形，先端渐尖，基部近圆形，全缘。穗状花序圆锥形，顶生或腋生，花淡红色。瘦果近圆形，黑色，有光泽。花果期6~9月。

分布于水边湿地，庭院常见栽培。叶大，花序姿色优美，可供观赏。

全草入药，味辛，性温，有微毒。

蓼科 | 蓼属
西伯利亚蓼

别名：剪刀股　　学名：*Polygonum orientale*

多年生草本，高达25厘米。根茎细长。茎基部分枝，无毛。叶长椭圆形或披针形，长5~13厘米，基部戟形或楔形，无毛；叶柄长0.8~1.5厘米，托叶鞘筒状，膜质，无毛。圆锥状花序顶生，花稀疏，苞片漏斗状，无毛。花梗短，中上部具关节；花被5深裂，黄绿色，花被片长圆形，长约3毫米；雄蕊7~8枚，花丝基部宽；花柱3个，较短。瘦果卵形，具3棱，黑色，有光泽，包于宿存花被内或稍突出。花期6~7月，果期8~9月。

生于路边、湖边、河滩、山谷湿地、沙质盐碱地、下湿沙地。

中等饲草；全草入药。

蓼科 | 荞麦属
苦荞麦

别名：苦荞　　学名：*Fagopyrum tataricum*

一年生草本。茎直立，高30～70厘米，有细纵棱。叶宽三角形，长2～7厘米，两面沿叶脉具乳头状突起，下部叶具长叶柄，上部叶较小具短柄；托叶鞘偏斜，膜质，黄褐色。花序总状，顶生或腋生，花排列稀疏；苞片卵形，每苞内具2～4花，花梗中部具关节；花被5深裂，白色或淡红色，花被片椭圆形。瘦果长卵形，长5～6毫米，具3棱及3条纵沟，上部棱角锐利，下部圆钝有时具波状齿，黑褐色。花期6～9月，果期8～10月。

本区传统栽培作物，有时逸生田边、路旁、山坡。

种子供食用或作饲料。种子、根供药用。

蓼科 | 荞麦属
荞麦

别名：荞麦　　学名：*Fagopyrum esculentum*

一年生草本。茎直立，多分枝，光滑无毛，红色或紫红色，高40~100厘米。叶互生，心状三角形或三角状箭形，长3~5厘米，宽3~4厘米，先端渐尖，基部近心形；下部叶有柄，上部叶无柄。总状伞房花序腋生或顶生，密集成簇；花梗长，花红色、粉红色。瘦果三角状卵形或三角形，先端渐尖，具三棱，棕褐色或黑褐色，光滑。花期7~8月，果期8~9月。

定边县荞麦种植历史悠久，土地肥沃，土壤富含钾素，日照充足，天气凉爽，雨热同季，非常适宜荞麦生长。定边县荞麦以其粒大饱满、色泽荼褐、棱细皮薄、出粉率高、营养丰富、药用价值大等优势闻名遐迩。红花荞麦产品畅销日本、韩国、美国、中国香港及东南亚地区。2011年，定边荞麦被确定为中国国家地理标志保护产品。

种子入药。

蓼科 | 酸模属
皱叶酸模

别名：牛耳大黄 土大黄　　学名：*Rumex crispus*

多年生草本，高达1米。茎常不分枝，无毛。基生叶披针形或窄披针形，长10～25厘米，宽2～5厘米，先端尖，基部楔形，边缘皱波状，无毛，叶柄稍短于片；茎生叶窄披针形，具短柄。花两性；花序窄圆锥状，分枝近直立。花梗细，中下部具关节；外花被片椭圆形，长约1毫米；内花被片果时增大，宽卵形，长4～5毫米，基部近平截，近全缘，全部具小瘤，稀1片具小瘤，小瘤卵形，长1.5～2毫米。瘦果卵形，具3锐棱。花期5～6月，果期6～7月。

广布于低湿地、水边、闲置农田、路旁、宅旁。

全草入药。

藜科 | 滨藜属
中亚滨藜

别名：灰条　　学名：Atriplex centralasiatic

一年生草本，多分枝。分枝黄绿色，密生粉粒。叶互生，有短柄；叶片菱状卵形至戟形，长1.5～5厘米，宽1～3厘米，先端钝或短渐尖，基部阔楔形，叶面绿色，背面灰白色，有粉粒。花单性，花多数，集成团伞状，遍生叶腋。胞果宽卵形或圆形，种子扁平，棕色，光亮。花期7～8月，种子9～10月。

遍布于全县，适应干旱、盐碱和沙荒地环境，种子繁殖。

果实可入药。

定边植物图鉴

藜科 | 虫实属
蒙古虫实

别名：绵蓬　　学名：*Corispermum mongolicum*

高10~40厘米，茎直立，圆柱形，多分枝，枝外倾或斜升。叶线形或倒披针形，长1.5~2.5厘米，宽2~5毫米，先端尖，具小尖头，基部渐窄，1脉。穗状花序圆柱形，长1~3厘米，径5~8毫米，花排列紧密；苞片卵状披针形或宽卵形，具宽膜质边缘，全部掩盖果实。花被具1花被片，长圆形或宽椭圆形，先端具细齿；雄蕊1~5枚，稍长于花被片。胞果椭圆形，长约2毫米，径1~2毫米，顶端近圆，基部楔形，无毛，有光泽，边缘几无翅，果喙极短。花果期7~9月。

沙生植物，生于流沙和半固定沙地。

优良牧草。

藜科 | 刺藜属
菊叶香藜

别名：臭菜　　学名：*Dysphania schraderiana*

一年生草本，有强烈气味。茎直立，有纵条纹；分枝斜升。叶有柄，叶片矩圆形，羽状浅裂至深裂，叶面深绿色，下面浅绿色，有短柔毛。花两性，由多个聚伞花序集成塔形圆锥状花序。胞果扁球形，果皮薄，种皮硬壳质，种子红褐色至黑色，有网纹。

生于田边、路旁。种子繁殖。

全草入药。

藜科 | 刺藜属
刺藜

别名：刺穗藜 针刺藜　　学名：*Dysphania aristata*

　　一年生草本，茎直立，多分枝，有条纹。叶互生，有短柄，叶片条形至披针形，全缘，先端急尖或圆钝，基部狭窄，主脉明显。花序生于枝端或叶腋，复二歧聚伞花序，最末端的分枝针刺状；花两性，花被片绿色，边缘膜质。胞果圆形，果皮膜质。种子圆形，边缘有棱，黑褐色，有光泽。

　　为田间杂草，分布于田边、路旁。种子繁殖。全草入药。

藜科 | 地肤属
地肤

别名：扫帚菜　　学名：*Kochia scoparia*

一年生草本，高50~100厘米。茎直立，多分枝，淡绿色或紫红色，秋季变红色；冠状圆球形或圆锥形。叶互生，披针形或条状披针形，两面生短柔毛。花两性，生于叶腋，集成稀疏的穗状花序，花淡绿色。胞果扁球形，种子黑褐色，稍有光泽。花期6~8月，果期7~10月。

为优良饲用植物，适口性好，营养价值高。幼嫩枝叶可作蔬菜。

全草入药。

藜科 | 碱蓬属
碱蓬

别名：灰绿碱蓬　　学名：*Suaeda glauca*

一年生草本，高40～80厘米。茎直立，浅绿色，较粗壮，有条纹，上部多分枝，枝细长，斜伸或展开。叶互生，条形，无柄，半圆柱形，灰绿色，长1.5～5厘米，宽1.5毫米，茎上部叶渐短。花两性，单生或2～5朵排列成聚伞花序，有短柄，生于叶腋。胞果扁平，圆形或球形，果皮膜质。种子黑色，有颗粒状点纹。花期6～8月，果期8～9月。

在盐碱滩地和盐蒿外围与盐蒿相间生长，滩地农田边和水渠边也有生长。

全株含碳酸钾，用于印染及玻璃工业和化学工业。

藜科 | 碱蓬属
平卧碱蓬

别名：伏碱蓬　　学名：*Suaeda prostrata*

一年生草本，高20~50厘米，无毛。茎平卧或斜升，基部有分枝并稍木质化，具微条棱，上部的分枝近平展并几乎等长。叶条形，半圆柱状，灰绿色，长5~15毫米，宽1~1.5毫米，先端急尖或微钝，基部稍收缩并稍压扁；侧枝上的叶较短。团伞花序2至数花，腋生；花两性，花被绿色，稍肉质，5深裂，结果时花被裂片增厚呈兜状，基部向外延伸出不规则的翅状或舌状突起；花药宽矩圆形或近圆形，花丝稍外伸；柱头2枚，黑褐色，花柱不明显。胞果顶基扁；果皮膜质，淡黄褐色。种子双凸镜形或扁卵形，黑色，表面具清晰的蜂窝状点纹，稍有光泽。花果期7~10月。

生于重盐碱地。滩区盐碱地和盐湖外围有分布。

藜科 | 碱蓬属
盐地碱蓬

别名：盐蒿 黄须菜　　　学名：*Suaeda salsa*

一年生草本，高达20～80厘米，全株绿色，秋后变成紫红色。茎直立，圆柱状，具微紫红色条棱，上部多分枝。叶条形，半圆柱状，肉质，长1～3厘米，先端尖或微钝，无柄。花两性，常3～5朵团集，腋生，在分枝上组成有间断的穗状花序。花被半球形，底面平，5深裂，裂片卵形，稍肉质，先端钝，背面果实增厚，有时基部向外延伸成三角形或窄翅突；花药卵形或长圆形。胞果熟时果皮常破裂。种子横生，双凸镜形或歪卵形，黑色，有光泽，周边纯，具不清晰网点纹饰。花果期7～10月。

在滩区盐碱地和盐湖外围有大面积分布。夏天绿茵，秋天一片片红紫色，是定边一大景观。种子油亚油酸含量高，可入药。

藜科 | 藜属
灰绿藜

别名：黄瓜菜 山芥菜 山根龙　　　学名：*Chenopodium glaucum*

一年生小草本，高10～35厘米。茎自基部分枝；分枝平卧或上升，有绿色或紫红色条纹。叶矩圆状卵形至披针形，长2～4厘米，宽6～20毫米，先端急尖或钝，基部渐狭，边缘波状牙齿，上面深绿色，下边灰白色或淡紫色，密生粉粒。花序穗状或复穗状，顶生或腋生；常两性。胞果皮薄，黄白色，种子黑色。花期7～8月，果期9～10月。

全县广布，种子繁殖。

全草入药，味甘，性平。

藜科｜藜属
尖头叶藜

别名：绿珠藜　　学名：*Chenopodium acuminatum*

　　一年生草本。茎直立，多分枝，有绿色条纹；分枝细弱。叶有短柄；叶片卵形或宽卵形，长2~4厘米，宽1~3厘米，先端圆钝或急尖，有短尖头，基部宽楔形或截平，全缘，叶面无毛，淡绿色，叶背面被粉粒，灰白色。穗状或圆锥状花序，花两性；胞果圆形，种子黑色，有光泽，表面有不规则点纹。

　　生于田野、地边、路旁。种子繁殖。

　　为饲用植物，猪、羊、牛喜食。

　　与狭叶尖头叶藜（*Chenopodium acuminatum* subsp. *virgatum*）的区别在于叶较狭小，狭卵形、矩圆形乃至披针形，长度显著大于宽度。

藜科｜藜属
藜

别名：灰条 灰灰菜　　学名：*Chenopodium album*

一年生草本。茎直立，粗壮，有棱，有绿色或紫红色条纹，多分枝；叶互生，有长叶柄；叶片菱状卵形或披针形；下部叶片先端钝，边缘有不规则浅裂，基部楔形；上部叶片披针形，下面常被灰绿色粉。花两性，小型，黄绿色，多朵聚成花簇，多个花簇集成圆锥花序。胞果稍扁，近圆形，包于花被内。花期7～8月，果期9～10月。

全县农田、地边、路旁广布。种子繁殖。

全草入药。味甘，性平。也可供食用和饲草。

藜科 | 沙蓬属
沙蓬

别名：沙米　　学名：*Agriophyllum squarrosum*

一年生草本，高15～60厘米。茎直立，多分枝，幼时全株密生分枝毛，后期部分脱落。叶互生，无柄，披针形至条形，长2～6厘米，宽4～10毫米，先端渐尖有短针刺，基部渐狭，有3～9脉，纵行，全缘。花序穗状，无总花梗，花两性，着生叶腋。胞果圆形或卵形，扁平，除基部外周围有翅，顶部有两个长的喙状突起，突起先端外侧各有一小齿。种子近圆形，扁平。花果期8～10月。

沙生植物，生于流沙和半固定沙地。

种子可榨油，也可食用，还可入药，味甘，性凉。

藜科｜驼绒藜属
华北驼绒藜

别名：驼绒蒿　　学名：*Krascheninnikovia arborescens*

半灌木，直立。枝灰白色，密被短绒毛，自上中部分枝。叶较大，互生，常数片集聚于腋生短枝而呈簇生状，披针形或矩圆状披针形，密被短绒毛，长3厘米左右，先端锐尖或钝，基部圆形或阔楔形，全缘，叶缘向上内卷；叶柄短，被绒毛。花单性，雌雄同株；雄花序细长柔软，生于枝端；雌花腋生，由2枚小苞片合生成雌花管，果期管外中上部具4束长毛，下部具短毛。胞果狭倒卵形，直立，扁平，上部被毛，果皮膜质。花果期7～9月。

生于草原和半荒漠地区的固定沙丘、沙地、荒坡和山坡。

固沙植物，优良牧草。

藜科 | 雾冰藜属
雾冰藜

别名：星状刺果藜　　学名：*Bassia dasyphylla*

一年生草本，茎直立，全株密被有灰白色长毛。多分枝，具条纹。叶互生，肉质，圆柱状或半圆柱状条形，先端钝，基部渐狭，密生长毛，无柄。花两性，单生或2个集生于叶腋，仅1花发育。胞果卵形，果实外有尖刺和刺钩，可附着于人、畜身上，借以传播；种子近圆形。花果期8～10月。

生长于固定沙地、轻度盐渍化土地、荒地、河谷等。

全草入药。

藜科 | 盐角草属
盐角草

别名：海蓬子　　学名：*Salicornia europaea*

一年生草本。高10～35厘米，茎直立，多分枝。枝对生，肉质，灰绿色或紫红色。叶对生，鳞片状，长约1.5毫米，先端锐尖，基部连成鞘状，具膜质边缘。花序穗状，长1～5厘米，具短梗；每3花生于苞腋，中间1花较大，位于上方，两侧2花较小，位于下方。花被肉质，倒圆锥状，顶面平呈菱形；雄蕊伸出花被外，花药长圆形；子房卵形，具2钻状柱头。果皮膜质。种子长圆状卵形，径约1.5毫米，种皮革质，被钩状刺毛。花果期6～7月。

生于盐碱地、盐湖边、河谷、盐化草甸和海边。盐渍化土壤指示植物。

本地分布在北部盐湖边、盐碱下湿地。

含有草酸盐、碱式盐和蔗糖酶。

藜科 | 盐生草属
白茎盐生草

别名：灰蓬 蛛丝蓬　　学名：*Halogeton arachnoideus*

一年生草本，高10～40厘米，茎自基部分裂，直立；茎上分枝互生，灰白色，幼时有丝状毛，后脱落。叶互生，圆柱形，肉质，长3～10毫米，宽1.5～2毫米，先端钝，有小尖，叶腋有棉毛。花两性，簇生叶腋，遍布全株，花被片5片。胞果球形或球状卵形，果皮膜质，种子横生。花果期7～10月。

滩区盐碱地、沙地边缘地带广有分布。富含钠、钾、氯、硫等元素，为冬、春饲草。

藜科 | 盐爪爪属
尖叶盐爪爪

别名：灰碱柴　　学名：*Kalidium cuspidatum*

小灌木，高达40厘米。茎自基部分枝；枝近于直立，灰褐色，小枝黄绿色。叶近卵珠形，长1.5～3毫米，宽1～1.5毫米，先端尖稍内弯，基部下延，半包茎。穗状花序生于枝条上部，长0.5～1.5厘米，径2～3毫米，花排列紧密，每1苞片内有3朵花。花被合生上部扁平成盾状，盾片成五角形，具窄翅状边缘。胞果近圆形，果皮膜质。种子直立，两侧扁，红褐色，径约1毫米，种皮薄壳质，有乳头状小突起。花果期7～9月。

定边县北部风沙盐碱滩地有较大面积分布，广泛分布于盐碱地和盐湖周边，为盐土荒漠优势种。

藜科 | 盐爪爪属
细枝盐爪爪

别名：绿碱柴　　学名：*Kalidium gracile*

　　小灌木，高10～40厘米，茎直立，多分枝。枝互生，老枝红褐色，幼枝纤细，黄褐色。叶互生，不发育，肉质，黄绿色，先端钝，基部狭窄，下延。顶生穗状花序，细弱，与枝区别不明显，花生于鳞状苞片内。胞果卵形，果皮膜质，密被小突起。种子卵形，淡红褐色。花果期7～9月。

　　广泛分布于盐碱地和盐湖周边。种子繁殖。

藜科 | 盐爪爪属
盐爪爪

别名：碱柴　　学名：*Kalidium foliatum*

多年生半灌木，茎直立或铺散平卧，多分枝，老枝灰褐色，分枝互生。叶互生，圆柱状，肉质，顶端钝，基部下延，半抱茎。花序穗状，生于枝顶，每个鳞状苞片内有花3朵。胞果圆形，果皮膜质，直径1毫米。种子近圆形，密生小突起。花果期7～9月。

广泛分布于盐碱地和盐湖周边。种子繁殖。

盐化土地指示植物，固沙保土植物，可提取碳酸盐。

藜科 | 猪毛菜属
刺沙蓬

别名：风滚草 扎蓬棵　　学名：*Salsola tragus*

一年生草本，高30～60厘米，茎自基部分枝，直立、斜升或铺散，被短糙硬毛。叶互生，条状圆柱形，初生肉质，长1.5～4厘米，宽1～2毫米，基部扩展；后变硬，生短硬毛，先端成硬针刺。穗状花序顶生，单花腋生花被片5，果期自背侧扩成果翅，直径5～10毫米，翅膜质，渐由无色变红色或紫红色。胞果倒卵形，果皮膜质。花期8～9月，果期9～10月。

广泛分布于滩区沙质、砾质滩地和硬梁地，适应性强，种子繁殖。

饲用植物，畜类喜食。地上部分可入药。

藜科 | 猪毛菜属
猪毛菜

别名：沙蓬　山叉明　　学名：*Salsola collina*

一年生草本，高30~80厘米，茎直立，自基部多分枝，上部分枝互生，绿色，有白色或紫红色条纹，疏生硬毛。叶丝状圆柱形，肉质，有短硬毛，先端有硬针刺。穗状花序，生枝条上部，苞片先端有硬针刺；花被片5片，果期上部生短翅。胞果倒卵形，果皮膜质。种子横生或斜生。花期7~9月，果期9~10月。

沙质滩地、农田和地边普遍生长。适应性、再生性、抗逆性强，种子繁殖。

适口性好，牲畜喜食。全草入药。

苋科 | 青葙属
鸡冠花

别名：五色草　　学名：*Celosia cristata*

一年生草本，全株无毛。茎直立，粗壮，具纵条纹。叶片卵形、卵状披针形或披针形，先端渐尖，基部渐狭，全缘。花序顶生，扁平鸡冠状，花密生，一个大花序有多个较小的分枝，分枝呈穗状，圆锥形。花被片有红色、紫色、黄色、橙色多种。胞果卵形，长约3毫米，包裹在宿存的花被内。种子黑褐色。花果期7～9月。

于庭院和小区栽植。种子繁殖。

花和种子可入药。

苋科 | 苋属
反枝苋

别名：绿穗苋　　学名：Amaranthus retroflexus

一年生草本，高20～80厘米；茎直立，稍具钝棱，密生短柔毛。叶互生，菱状卵形或椭圆形，长5～12厘米，宽3～5厘米，顶端微凸，具小齿尖，全缘，两面和边缘有柔毛，叶柄长。花单性或杂性，集成顶生或腋生的圆锥花序；花被片白色，具一淡绿色中脉。胞果扁球形，盖裂，包裹于宿存的花被内。种皮黑色，种子黑褐色。花期7～8月，果期8～9月。

生长于田埂和四旁，种子繁殖。

嫩茎叶可作蔬菜，亦是家畜饲草，营养价值高。

苋科 | 苋属
尾穗苋

别名：老枪谷　　学名：*Amaranthus caudatus*

　　一年生直立草本，高1～1.5米，茎粗壮，具棱角，黄绿色。叶菱状卵形或菱状披针形，长4～15厘米，宽3～8厘米，顶端短渐尖或圆钝，基部宽楔形，全缘，两面无毛，脉上疏生柔毛。中央花穗长尾状；花单性，雄花和雌花混生于同一花簇；苞片红色。胞果近球形，环状横裂；种子球形，棕黄色。花期7～8月，果期9～10月。

　　观赏植物，宅旁、院落有栽培。种子繁殖。
　　根可入药。

紫茉莉科 | 紫茉莉属
紫茉莉

别名：胭脂花　　学名：*Mirabilis jalapa*

一年生草本，高30～50厘米，无毛。茎直立，多分枝。叶对生，卵形或卵状三角形，顶端渐尖，基部截形或心形，全缘，叶柄长1～4厘米。花单生于枝顶端，呈白色、黄色、红色、粉红色，漏斗状，上部稍扩大，顶端五裂，基部膨大成球形，包裹子房。种子卵形，黑色，具棱。花果期7～10月。

观赏植物，庭院、小区多有栽培。种子繁殖。

根和全草入药。

马齿苋科 | 马齿苋属
马齿苋

别名：马齿菜　　学名：*Portulaca oleracea*

一年生草本，匍匐茎肉质，无毛，多分枝，淡褐红色。叶肥厚肉质，倒卵状匙形，顶端钝圆，基部楔形，全缘，叶柄粗短。花3～5朵簇生于枝端，无梗，花瓣5片，黄色。蒴果圆锥形，盖裂；种子多数，肾状卵形，径不及1毫米，黑色。

广泛生长于田间、地边和路旁。种子繁殖。生命力极强。

全草入药。嫩茎叶可作蔬菜，亦作饲料。

石竹科 | 蝇子草属
麦瓶草

别名：米瓦罐　　学名：*Silene conoidea*

一年生草本，全株被腺毛。主根细长，有细支根。茎直立，单生，叉状分枝。叶对生，基生叶匙形，茎生叶矩圆形或披针形，中脉明显有腺毛。聚伞花序顶生，花少数，萼片5枚，倒卵形，粉红色。蒴果卵形，有光泽，萼宿存，中部以上变细。种子多数，螺卷状。花果期6~7月。

生田间和荒地。种子繁殖。

全草入药。

石竹科 | 蝇子草属
女娄菜

别名：桃色女娄菜　　学名：*Silene aprica*

　　一年生或二年生草本，全株密被短柔毛。茎直立，基部多分枝。单叶，对生，叶片条状披针形，密生短柔毛，全缘；下部叶具短柄，上部叶无柄。花多数，呈圆锥状聚伞花序，花瓣5片，白色或粉红色。蒴果椭圆形，种子多数，细小，黑褐色。花果期6～8月。

　　散生山坡草地和固定沙地。种子繁殖。

　　全草入药。

石竹科 | 石头花属
细叶石头花

别名：尖叶丝石竹　　学名：*Gypsophila licentiana*

多年生草本，高30～50厘米。茎细，无毛，上部分枝。叶片线形，长1～3厘米，宽约1毫米，顶端具骨质尖，边缘粗糙，基部连合成短鞘。聚伞花序顶生，花密集，花梗带紫色，苞片三角形，膜质，具短缘毛；萼片5板，花瓣5片，花瓣白色或略带粉红色。蒴果略长于宿存萼。种子圆肾形。花期7～8月，果期8～9月。

生于较高海拔山坡、田边。南部白于山区常见开花植物，具有园林景观开发利用价值。

石竹科 | 石竹属
石竹

别名：洛阳花　　学名：*Dianthus chinensis*

多年生草本，高30厘米。茎簇生，直立，无毛。叶对生，条形，有时为舌形。花顶生于分叉的枝端，单生或对生，形成聚伞形花序；花下有4～6个苞片，萼筒圆筒形，花瓣5片，鲜红色、白色或粉红色，瓣片扇形，边缘有不整齐浅齿裂，喉部有深色斑纹，基部是长爪。蒴果矩圆形。种子黑色，卵形，缘有狭翅。花果期6～9月。

观赏植物。种子繁殖，分株繁殖。

全草入药。

芍药科｜芍药属
牡丹

别名：紫斑牡丹　　学名：*Paeonia rockii*

落叶灌木，高50～100厘米。根茎肥厚。分枝短而粗壮，树皮黑灰色。叶互生，二回三出复叶，顶生叶长8～10厘米，3裂近中部，裂片上部3浅裂或不裂，侧生叶较小，不等2浅裂，上面绿色，无毛，下面有白粉。花单生枝顶，大，花柄6～10厘米，萼片5枚，花瓣5片或成重瓣，有白色、黄色、粉色、红色和紫红色，先端2浅裂或全缘；花药黄色。菁葖果长卵形或圆锥形，先端渐尖，3个呈三角排列。种子黑紫色。花期5月，果期7月。

2011年荣兰公司引入，2013年秀海公司引进，分别在沙地和黄土地栽培，成活、生长、开花、结实正常，宜于庭院、小区绿化种植。

种子繁殖，观赏品种要根部劈接繁育。

根皮入药（丹皮）。

芍药科 | 芍药属
芍药

别名：赤芍　　学名：*Paeonia lacti*

多年生草本，茎无毛。茎下部叶为二回三出复叶；小叶狭卵形或披针形，下面沿脉疏生短柔毛；叶柄长6～10厘米。花顶生或腋生；萼片4枚，花瓣9～13片，白色、粉红色、红色。蓇葖果卵形，先端外弯。种子球形，黑色，有光泽。花期5～6月，果期7～8月。

小区或庭院有少量引进，生长良好。

种子繁殖或分根培育。

根可入药。

毛茛科 | 白头翁属
白头翁

别名：羊胡子花　　学名：*Pulsatilla chinensis*

多年生草本，根圆锥形。基生叶7~9片，叶片轮宽卵形，二回三复叶，全裂；一回裂片中央有柄，3全裂，二回中央裂片3裂，小裂片楔状条形，叶缘浅裂。花葶高15~25厘米；总苞钟状，长4~5厘米；萼片6枚，蓝紫色，狭卵形，密被短柔毛。瘦果纺锤形，有长毛。花期5~6月，果期6~7月。

分布于樊学、张崾先背阴湿润坡地。种子繁殖。有毒，根及根状茎药用。

毛茛科 | 侧金盏花属
甘青侧金盏花

学名：*Adonis bobroviana*

多年生草本。根状茎长约10厘米，上部分枝。茎高达30厘米，有极短的小腺毛，基部有膜质鳞片，常自下部分枝，分枝长，直立或斜展。茎中部以上的叶发育，有极短柄或无柄，长4～7厘米，宽2～3.6厘米，卵形或狭卵形，二至三回羽状细裂，羽片3～4对，末回裂片披针形至线形，顶端锐尖。花直径2～4厘米；萼片5枚，淡绿色，带紫色，菱状卵形；花瓣9～13片，黄色，倒披针形或长圆形。瘦果倒卵球形，有隆起的脉网，被短柔毛，宿存花柱短，向下钩状弯曲。花期4～7月。

分布于西南山区干草坡。

毛茛科 | 翠雀属
翠雀

别名：大花飞燕草　　学名：*Delphinium grandiflorum*

多年生草本，高35~50厘米。茎直立，单生，深绿色。基生叶成丛，有长柄，叶片圆肾形，长3~6厘米，宽4~8厘米，3全裂，裂片细裂，小裂片条形。头总状花序具3~12花，花梗被微柔毛；小苞片条形或钻形；萼片5枚，花瓣蓝色，瓣片宽倒卵形，微凹。蓇葖果。花期7~8月，果期8~9月。

山区阴湿山坡、草地和沟谷有零星分布。种子或分株繁殖。

全草入药。花大而鲜艳，可作观赏植物栽培。

毛茛科 | 碱毛茛属
长叶碱毛茛

别名：黄戴戴　　　学名：*Halerpestes ruthenica*

多年生草本，具匍匐茎。叶基生；叶片长卵形，先端截形，不分裂或不明显3浅裂，基部截形或楔形，无毛，基出脉3条，叶柄长2～10厘米。花葶高10～20厘米，单一或上部分枝，有1～3花，花瓣6～12片，黄色，倒卵形。瘦果紧密排列，边缘有狭棱。花果期5～8月。

耐盐碱、水湿。分布于长茂滩林场下湿滩地。种子繁殖。

全草药用。

毛茛科 | 碱毛茛属
碱毛茛

别名：水葫芦苗 圆叶碱毛茛　　学名：*Halerpestes sarmentosa*

　　多年生草本，高5～10厘米，具匍匐茎，节上生根和叶，无毛。叶基生；叶片圆形、卵圆形、肾形，先端不分裂或不明显3浅裂，基部心形、截形或楔形，无毛，基出脉3条，叶长1～2.5厘米。花黄色，花瓣5片，倒卵形，直径0.6～0.8厘米，基部具蜜腺。瘦果扁，紧密排列，边缘有狭棱。花果期5～9月。

　　耐盐碱、水湿。分布于北部下湿滩地、轻度盐渍化草地和水边。

　　全草药用。

定边植物图鉴

毛茛科 | 唐松草属
展枝唐松草

别名：歧序唐松草　　学名：*Thalictrum squarrosum*

多年生草本，无毛。茎高50～80厘米。根茎细长，自节上生出长须根。茎自中部近二叉状分枝。茎下部及中部叶为二至三回羽状复叶，小叶薄革质，倒卵形或圆卵形，常3浅裂。圆锥花序呈伞房状，二叉状分枝，萼片4枚，黄绿色，无花瓣。瘦果纺锤形，二叉状，伸直或弯曲。纵肋8条。花期7～8月，果期8～9月。

南部山区和沙地零星分布或呈片状分布。种子繁殖。

有毒，全草入药。

另据相关资料证明本区分布有蕊瓣唐松草（*Thalictrum petaloideum*）、短梗箭头唐松草（*Thalictrum simplex* var. *brevipes*），但未采到标本。

毛茛科 | 铁线莲属
粉绿铁线莲

别名：毛茛科铁线　　学名：*Clematis glauca*

草质藤本。茎纤细，有棱。一至二回羽状复叶；小叶有柄，2~3全裂或深裂、浅裂至不裂，中间裂片较大，椭圆形或长圆形、长卵形，长1.5~5厘米，宽1~2厘米，基部圆形或圆楔形，全缘或有少数牙齿，两侧裂片短小。常为单聚伞花序，3花；苞片叶状，全缘或2~3裂；萼片4枚，黄色或外面基部带紫红色，长椭圆状卵形，顶端渐尖，长1~2厘米，宽5~8毫米，除外面边缘有短绒毛外，其余无毛，瘦果卵形至倒卵形，长约2毫米，宿存花柱长4厘米。花期6~7月，果期8~10月。

全县广有散生，生山坡，缠绕于灌丛上。种子繁殖。

本种与黄花铁线莲的区别：小叶蓝绿色，长圆形，两面无毛，萼片内面无毛或上部被柔毛。

全草入药。

毛茛科 | 铁线莲属
灌木铁线莲

别名：铁线莲　　学名：*Clematis fruticosa*

　　直立小灌木。枝有棱，紫褐色。单叶对生，有短柄；叶片薄纸质，狭三角形或披针形，长2.5～3.5厘米，宽0.8～1.4厘米，边缘疏生牙齿，下部叶常羽状深裂或全裂，叶片无毛，下面有微柔毛。花单生，或聚伞花序有3花，顶生或腋生；花萼钟形，萼片4枚，黄色，狭卵形，顶端渐尖，边缘有短绒毛，无花瓣。瘦果近卵形，扁，密生柔毛，宿存花柱长6厘米，有黄色、白色长柔毛。花期6～8月，果期8～9月。

　　散生于学庄、新安边交界的沟壑、断岩、土坡处。优良的水土保持且具有观赏价值树种。

　　可作观赏植物栽培，种子繁殖。

毛茛科｜铁线莲属
黄花铁线莲

别名：缠绕铁线莲 透骨草　　学名：*Clematis intricata*

多年生藤本。茎纤细，多分枝，具细棱，无毛。叶灰绿色，对生，二回三出羽状复叶，长15厘米，羽片两对，具细长柄，小叶条形、披针形或狭卵形，不分裂或下部具1～2小裂片。聚伞花序腋生，通常具三花；花萼钟形，黄色，萼片4枚，狭卵形。瘦果卵形，扁，被柔毛，宿存羽毛状花柱。花期6～8月，果期8～9月。

生于固定沙丘、干山坡、田边。毛乌素沙地广泛分布，山、滩皆有散生，缠绕于灌丛、篱笆上，种子繁殖。

固沙保土植物。全草药用。

定边植物图鉴

小檗科 | 小檗属
紫叶小檗

别名：紫叶女贞　　学名：Berberis thunbergii var. atropurpurea

落叶矮灌木，高50～100厘米；枝粗壮，灰黄色，有稀疏黑色疣状突起；刺粗壮，3分叉，长1～2厘米。叶近圆形、矩圆形或宽椭圆形，长1.5～3厘米，宽1～2.5厘米，顶端圆形，基部渐狭成叶柄，边缘有刺状细锯齿，有密网脉；叶面暗绿色至鲜红色、暗红色，下面灰白色，有白粉。花2～5朵簇生，花梗长1～3厘米，花黄色。浆果红色，椭圆球形。花期5～7月，果期8～9月。

日本小檗的变种，小区、广场绿化中常用来列植或丛植造景。种子或插条繁殖。

根、根皮、茎皮药用。

木兰科 | 木兰属
玉兰

别名：望春花 玉堂春 木兰　　学名：*Yulania denudata*

落叶乔木，高达15～20米。幼枝及芽具柔毛。叶倒卵状椭圆形，长8～18厘米，先端突尖而短钝，基部圆形或广楔形，幼时背面被毛。花大，花萼、花瓣相似，共9片，白色，厚而肉质，有香气。早春叶前开花；花期4月，果期9～10月。

著名的庭院观花植物，原产于我国，栽培历史悠久。近年来引种栽培，在背风向阳处，表现尚可，幼苗期越冬需进行防护。

罂粟科 | 角茴香属
角茴香

别名：鸡蛋黄　　学名：*Hypecoum erectum*

一年生草本，高30厘米。基生叶倒披针形，长3～8厘米，羽状细裂，裂片线形，先端尖，叶柄基部具鞘；茎生叶同基生叶，较小。花茎多且细弱，二歧聚伞花序；苞片钻形。萼片卵形；花瓣淡黄色，长1～1.2厘米，无毛，外面2枚倒卵形或近楔形，中裂片三角形，内面2枚倒三角形，3裂至中部以上，侧裂片较宽，具微缺刻，中裂片窄匙形；花药窄长圆形，柱头2深裂，裂片两侧伸展。果长圆柱形，长4～6厘米，顶端渐尖，两侧稍扁，2瓣裂。种子近四棱形，两面具十字形突起。花果期5～8月。

生长于田间、平坦的固定沙地、缓坡、撂荒地。

根和全草药用。

罂粟科 | 罂粟属
虞美人

别名：满园春 仙女蒿　　学名：*Papaver rhoeas*

一年生草本，全株有乳汁。茎高30～60厘米，被糙毛。叶互生，羽状深裂，裂片披针形或条状披针形，顶端急尖，边缘生粗锯齿，两面有糙毛。花单生，具长梗，未开放时下垂，花蕾卵球形。萼片绿色，花开后即脱落；花瓣4片，紫红色，花药黄色。蒴果倒卵形。种子多数，细小。花期5～8月。

观赏植物，常植于庭院和小区。种子繁殖。

全草入药。

紫堇科 | 紫堇属
地丁草

别名：紫花地丁 紫堇　　学名：*Corydalis bungeana*

二年生灰绿色草本，高10～50厘米，具主根。茎自基部铺散分枝，灰绿色，具棱。基生叶多数，长4～8厘米，叶柄约与叶片等长，基部具鞘，边缘膜质；叶片上面绿色，下面苍白色，二至三回羽状全裂，顶端分裂成短小的裂片，裂片顶端圆钝；茎生叶与基生叶同形。总状花序长1～6厘米，多花，先密集，后疏离，果期伸长；苞片叶状，具柄至近无柄，明显长于长梗；花梗短，长2～5毫米；萼片宽卵圆形至三角形，具齿，常早落；花粉红色至淡紫色，平展；上花瓣长1.1～1.4厘米，稍向上斜伸，末端囊状膨大；下花瓣稍向前伸出，爪向后渐狭，稍长于瓣片；内花瓣顶端深紫色；柱头小，圆肾形，顶端稍下凹，两侧基部稍下延，无乳突而具膜质的边缘。蒴果椭圆形，下垂，具2列种子。种子直径2～2.5毫米，边缘具4～5列小凹点。

生于水边、山沟、田野、荒地。

十字花科 | 独行菜属
独行菜

别名：辣辣菜 葶苈子　　学名：*Lepidium apetalum*

一年生或二年生草本，高达30厘米。茎直立，有分枝，被头状腺毛。基生叶窄匙形，一回羽状浅裂或深裂，长3～5厘米，叶柄长1～2厘米；茎生叶向上渐由窄披针形至线形，有疏齿或全缘，疏被头状腺毛。总状花序；萼片卵形，早落；花瓣无或退化成丝状，短于萼片；雄蕊2或4枚。短角果近圆形或宽椭圆形，顶端微凹，有窄翅；果柄弧形。种子椭圆形，红棕色。花期4～8月，果期5～9月。

本地常见杂草，生于田野、荒地、固定沙地、山坡。

早春牧草。种子入药，称"葶苈子"。

十字花科 | 连蕊芥属
连蕊芥

别名：陇芥　　学名：Synstemon petrovii

一年生草本，高20～40厘米，被单毛与分叉毛。茎直立或斜展，自基部分枝。基生叶羽状深裂，长3～9厘米，宽2厘米左右，裂片长圆状条形，多枯萎；茎生叶与基生叶基本相同，向上渐小，最上部条形，有1～2对裂片。花序伞房状，果期极伸长；萼片卵圆形，顶端钝，有白色膜质边缘；花瓣白色，长圆形，爪部楔形，两长雄蕊花丝联合至二分之一或更长。长角果条形，稍压扁，花柱粗短，角果两端钝尖，果梗细，水平展开。花果期5月。

产自甘肃、宁夏。生于陕甘宁交界地带的山坡，采于十字河沿岸。

十字花科 | 萝卜属
萝卜

别名：莱菔　　学名：*Raphanus sativus*

一年生或二年生草本，全体粗糙。直根粗壮，肉质，品种较多，形状和大小多样。基生叶羽状分裂或全裂，裂片自上向下渐小，边缘有钝齿，疏生粗毛；茎上部叶矩圆形，近全缘。总状花序顶生，花淡紫红色或白色。长角果肉质，圆柱形，种子间形成海绵质横隔，先端渐尖成喙。种子卵形，微扁，红褐色。

全县普遍栽培。根作蔬菜；种子和根、叶入药。

十字花科 | 念珠芥属
蚓果芥

别名：长角肉叶荠　　学名：*Braya humilis*

一年生草本，高10～30厘米。全株被短柔毛。茎自基部分枝，铺散或斜升。基生叶长圆形或狭倒卵形，长2～6厘米，宽0.5～1.5厘米，羽状分裂，叶缘有数个钝齿或全缘；茎生叶椭圆形至狭匙形。总状花序，花初为白色，后变为蔷薇色或淡紫色，直径0.5～0.7厘米。长角果线形，长1～2厘米，直径0.1厘米，果扭曲呈念珠状，密被丁字毛。种子0.1厘米，浅棕色。花果期4～9月。

生长在南部白于山区。早春开花植物，花期很长，一直延续到秋季。

十字花科 | 沙芥属
斧翅沙芥

别名：沙盖　　学名：*Pugionium dolabratum*

一年生草本，高60~100厘米，全株无毛；茎直立，多数缠结成球形。茎下部叶二回羽状全裂至深裂，长7~12厘米，裂片线形或线状披针形，顶端急尖；茎中部叶一回羽状全裂，窄线形，边缘稍内卷，在花期枯萎；茎上部叶丝状线形，全缘，稍内卷，无叶柄。总状花序顶生；花瓣白色或粉红色，线形，上部内弯。短角果近扁椭圆形，两侧的翅长1~2厘米，具3~4枚短尖刺。花果期6~8月。

沙丘背风低坑常有风吹来种子出苗成长，第二年抽茎结实。固沙先锋树种。嫩叶作为蔬菜，是陕北地方菜"沙芥拌疙瘩"的主要原料。全草入药。

另本区广泛分布一变种：宽翅沙芥（*Pugionium dolabratum* var. *latipterum*），生在半固定沙丘上。与斧翅沙芥的区别在于翅稍短，但更宽，植株高大呈球形。

定边植物图鉴

十字花科 | 芸薹属
油芥菜

别名：黄芥 高油菜　　学名：*Brassica juncea* var. *gracilis*

一年生草本，高30～120厘米，无毛，带粉霜，茎有分枝。基生叶宽卵形，长15～30厘米，宽5～15厘米，先端圆钝，不分裂或羽状浅裂，边缘有缺刻；叶柄有小裂片；下部叶较小，不抱茎；上部叶窄披针形至条形，具不明显疏齿或全缘。总状花序，花黄色。长角果条形，果梗长5～15毫米。种子球形，紫褐色。

山区塬、涧地广有种植，叶可食用，种子榨油，是山区主要油料作物。全草药用。

有一变种雪里蕻（*Brssica juncea* var. *multiceps*），叶条裂，边缘有皱缩，可作为腌制用的蔬菜。

悬铃木科 | 悬铃木属
二球悬铃木

别名：英国梧桐　　学名：*Platanus orientalis*

落叶大乔木，高30余米，树皮光滑，大片块状脱落。叶阔卵形，宽12～25厘米，长10～24厘米；上、下两面嫩时有灰黄色毛被，下面的毛被更厚而密，基部截形或微心形，上部掌状5裂，有时7裂或3裂；中央裂片阔三角形，宽度与长度基本相等；常有离基脉3条，叶柄长3～10厘米。花通常4数。花序球形，通常3～6个串生，花单性，雌雄同株。花期5月，果期9～10月，秋冬悬挂于树上。

本种是三球悬铃木（*P. orientalis*）与一球悬铃木（*P. occidentalis*）的杂交种，久经栽培，在我国东北、华中及华南均有引种。

用于广场、小区绿化栽培。在本地表现尚可，可以在背风向阳处适当栽植。

定边植物图鉴

景天科 | 费菜属
费菜

别名：土三七　景天三七　　学名：**Phedimus aizoon**

多年生草本。茎高15～30厘米，直立，不分枝。叶互生，披针形或倒披针形，顶端渐尖，基部楔形，边缘有不整齐的锯齿，几乎无柄。聚伞花序，分枝平展；花密生，花瓣5片，黄色，椭圆状披针形。蓇葖果，种子椭圆形。花期6～7月，果期8～9月。

白马崾先有零星分布。分株、扦插或种子均可繁殖。供栽培观赏。

全草入药。

景天科 | 景天属
辉煌长药八宝

别名：红花八宝景天 景天 对叶八宝　　学名：*Sedum spectabile* 'Brilliant'

  多年生草本。根胡萝卜状，茎直立，高30～50厘米，不分枝。叶肥厚，肉质，淡绿色，对生，矩圆形至卵状矩圆形，顶端急尖，基部短渐狭，边缘有疏锯齿，无柄。伞房花序顶生，花密生，花梗稍短；萼片5枚，披针形；花瓣5片，白色至浅红色。蓇葖果直立。花果期8～10月。

  地被绿化造景植物。可分株繁殖，嫩茎扦插，也可种子繁殖。

虎耳草科 | 山梅花属
太平花

别名：京山梅花　　学名：*Philadelphus pekinensis*

灌木，高达2米。叶卵形或宽椭圆形，长6～9厘米，先端长渐尖，基部宽楔或楔形，具锯齿，两面无毛，叶脉离基3～5出，花枝叶较小；叶柄长0.5～1.2厘米。总状花序有5～7花。花萼黄绿色，花冠盘状，花瓣4片，白色，倒卵形。蒴果近球形或倒圆锥形，宿萼裂片近顶生。种子长3～4毫米，具短尾。花期5～7月，果期8～10月。

观赏植物，园林引入栽培。

杜仲科 | 杜仲属
杜仲

别名：丝连皮 玉丝皮　　学名：*Eucommia ulmoides*

落叶乔木。树皮灰白色，折断有银白色细丝。单叶互生，叶椭圆形或椭圆状卵形，边缘有锯齿，下面叶脉有毛；叶柄长1～2厘米，叶撕裂有白色弹性细丝。花单性，雌雄异株，无花瓣，先叶开放，生于小枝基部。坚果有翅，扁平，内有种子一粒。花期5月，果期9～10月。

学庄、胡尖山在向阳背风处有零星栽培。种子繁殖。

列入我国特产的珍贵树种，是二级重点保护植物。树皮为贵重药材。木材供建筑及制家具。

蕤核

蔷薇科 | 扁核木属

别名：扁核木　马茹子　　学名：*Prinsepia uniflora*

落叶灌木。枝条灰褐色，幼枝灰绿色，无毛，有2厘米的枝刺。叶片条状矩圆形，长2.5～5厘米，宽0.6～1厘米，先端圆钝有短尖头，基部宽楔形，全缘，叶缘有浅锯齿，上面深绿色，下面颜色较浅，无毛，叶柄短。花单生或2～3朵簇生，萼裂片三角状卵形，果期反折；花瓣白色。核果球形，直径1～1.5厘米，暗紫红色，有蜡粉。核为左右压扁的卵球形。花期4～5月，果期8～9月。

山地沟谷和坡地普遍分布。种子繁殖。

鲜果可食。种仁入药。

蔷薇科 | 草莓属
草莓

别名：地莓 地果　　学名：*Fragaria × ananassa*

多年生草本。匍匐枝于花后生出。基生叶三出复叶，小叶卵形或菱形，先端圆钝，基部宽楔形，边缘有粗锯齿，上面散生柔毛，有光泽，下面带白色，有长柔毛，沿叶脉较密；叶柄长2～8厘米。聚伞花序，有花5～15朵，生在一总花梗上；花直径2厘米；萼裂片披针形，先端锐尖；花瓣椭圆形，白色。聚合果肉质，膨大，球形或卵球形，直径1.5～3厘米，鲜红色；萼片宿存，瘦果在肉质内。

近年引入，在大棚或温棚大量栽培，供采摘。

蔷薇科 | 风箱果属
金叶风箱果

别名：阿穆尔风箱果 托盘幌　　学名：Physocarpus opulifolius var. luteus

灌木，高达3米。小枝无毛或近无毛。冬芽卵圆形，被柔毛。叶金黄色，三角状卵形至倒卵形，长3.5～5.5厘米，先端急尖或渐尖，基部近心形，常3裂，稀5裂，有重锯齿，下面微被星状柔毛，沿叶脉较密。花序伞形总状；花序梗与花梗均密被星状柔毛；苞片披针形，微被星状毛，早落；花径0.8～1.3厘米，被丝托杯状，外面被星状绒毛；花瓣白色，倒卵形，花柱顶生。蓇葖果膨大，卵圆形，顶端渐尖，成熟时沿背缝腹缝开裂。微被星状柔毛；有2～5种子。花期6月，果期6～8月。

可作观赏植物栽培。

蔷薇科 | 梨属
白梨

别名：梨树　　学名：*Pyrus bretschneideri*

乔木，高达5~8米，树冠开展；小枝粗壮，圆柱形，微屈曲，二年生枝紫褐色，具稀疏皮孔。叶片卵形或椭圆卵形，长5~11厘米，宽3.5~6厘米，先端渐尖稀急尖，基部宽楔形，边缘有尖锐锯齿，齿尖有刺芒，嫩时紫红带绿色，两面均有绒毛，老叶无毛。伞形总状花序，有花7~10朵，花梗长1.5~3厘米；花直径2~3.5厘米；萼片三角形，先端渐尖，边缘有腺齿，外面无毛，内面密被褐色绒毛；花瓣卵形，长1.2~1.4厘米，宽1~1.2厘米，先端常呈啮齿状，基部具有短爪。果实卵形或近球形，长2.5~3厘米，先端萼片脱落，基部具肥厚果梗，黄色，有细密斑点，4~5室。种子倒卵形，微扁，长6~7毫米，褐色。花期4月，果期8~9月。

本种在我国北部常见栽培，重要水果。

主要栽培品种有：

中熟酥梨：20世纪80年代引进品种。

晚熟酥梨：20世纪80年代引进品种。

秦酥梨：20世纪80年代后期引进品种。

晋酥梨：20世纪80年代后期引进品种。

苹果梨：20世纪70年代引进品种。

香蕉梨：20世纪70年代引进品种。

蔷薇科 | 梨属
杜梨

别名：棠梨 海棠梨　　学名：*Pyrus betulifolia*

落叶乔木。树冠开阔，小枝褐色，老枝灰白色，有木质刺。叶片菱状卵形或长卵形，先端渐尖，基部楔形或宽楔形，边缘有尖锐锯齿；叶柄长3～4厘米。伞形花序，有花7～9朵，花梗长2～3厘米，花瓣白色。梨果近球形，褐色，有淡白色斑点，萼片脱落。花期4月中，果期9～10月。

在山、滩普遍分布，有作砧木培育的，有散生的，有作防护篱墙的。种子繁殖。

作梨树砧木，也作造林绿化树种。果实入药。

蔷薇科 | 李属

李

别名：玉皇　　学名：*Prunus salicina*

落叶乔木。树皮灰褐色或灰白色，幼枝褐色。单叶互生，叶片长椭圆形，长4～8厘米，宽3～4厘米；顶端渐尖，基部狭楔形，全缘，叶缘具锯齿；叶柄1～1.5厘米，中脉黄色突起。花常3朵并生，花瓣白色。核果圆球形或扁圆形，果肉厚，多汁。果核黄白色，硬壳。花期4月底到5月上旬，果期8月中旬。

鲜果经济林树种，品种多，果实有黑紫色、红色、黄色多种。用山桃、山杏作砧木嫁接繁育。果实鲜艳，酸甜可口，营养丰富。种仁入药。

定边植物图鉴

蔷薇科｜李属
美人梅

别名：樱李梅　　学名：*Prunus blireana* 'Meiren'

落叶大灌木，高2~3米，独干，上部分枝，开展；树皮灰褐色，幼枝紫红色。叶在当年生枝条上互生，长卵圆形，先端渐尖，基部楔形，全缘，叶缘具锯齿。花叶同出，花腋生，1~2朵并生，花粉红色。核果圆球形，紫红色。果核圆形，粉黄色。

观赏树种，花艳色鲜，叶紫色，多在庭院、广场栽培。

果实可食。

蔷薇科 | 李属
紫叶矮樱

别名：矮紫樱　　学名：*Prunus* × *cistena*

落叶灌木，高1~2.5米。丛生或独干，枝皮紫红或紫褐色，木质粉紫色。叶互生，长卵圆形，先端钝尖，基部楔形，全缘，叶绿具小锯齿；叶柄2~3厘米。先叶后花，腋生，花小，粉白色。花期5月上旬。

枝叶紫红色，具观赏价值。造型两种，一是从基部丛生，作彩叶地被植物；二是80~100厘米，定干留冠。山桃、山杏作砧木嫁接繁育或嫩枝扦插繁育。

蔷薇科 | 李属
紫叶李

别名：红叶李　　学名：*Prunus cerasifera* f. *atropurpurea*

落叶小乔木，高达4米以上。侧枝旺盛，易整形，树干褐红色，幼枝紫红色。叶在一年生枝条上互生，长卵圆形，先端渐尖，基部阔楔形，全缘，叶缘具小锯齿；叶脉黄白色；叶柄1～3厘米。花1～3朵腋生，花小，白色，先叶后花。核果圆球形，紫红色。花期5月上旬。

枝、叶紫红，树冠开阔，宜在小区、广场、路旁列植。

蔷薇科 | 木瓜属
贴梗海棠

别名：皱皮板　　学名：*Chaenomeles speciosa*

落叶灌木，具枝刺；小枝圆柱形，开展，粗壮，幼枝紫褐色，无毛，老枝暗褐色。叶片卵形至椭圆形，先端急尖，基部楔形，深绿色，无毛，有叶柄。花2～6朵簇生于二年生枝上，先花后叶或同时，花梗粗短；花瓣猩红色或淡红色。梨果球形至卵形，直径3～5厘米，成熟果黄色或黄绿色，果梗短或几乎无。花期4～5月，果期9月。

小区和机关院落绿化有栽植，供观赏。

果实入药。

蔷薇科 | 苹果属
垂丝海棠

别名：海棠花　　学名：*Malus halliana*

乔木，高达5米，树冠开展；小枝细弱，微弯曲，圆柱形，最初被毛，不久脱落，紫色或紫褐色。叶片卵形或椭圆形至长椭卵形，长3.5～8厘米，宽2.5～4.5厘米，先端长渐尖，基部楔形至近圆形，边缘有圆钝细锯齿，上面深绿色，有光泽并常带紫晕；托叶小，膜质，披针形。伞房花序，具花4～6朵，花梗细弱，长2～4厘米，下垂，紫色；花直径3～3.5厘米；萼片三角卵形，先端钝，全缘，内面密被绒毛；花瓣倒卵形，长约1.5厘米，基部有短爪，粉红色，常在5数以上。果实梨形或倒卵形，直径6～8毫米，略带紫色，成熟很迟，萼片脱落；果梗长2～5厘米。花期3～4月，果期9～10月。

落叶小乔木，嫩枝、嫩叶均带紫红色，花粉红色，下垂，早春期间甚为美丽，各地常见栽培，供观赏用，有重瓣、白花等变种。

蔷薇科｜苹果属
花红

别名：红果 沙果　　学名：*Malus asiatica*

落叶小乔木。小枝粗壮，树冠开阔，短果枝稠密。叶片长卵形或长椭圆形，先端渐尖，基部楔形，全缘，叶缘有钝锯齿，叶柄长1.5～2厘米，冬芽被绒毛。伞房花序，有花3～5朵，生在小果枝顶端；花瓣粉红色。果实球形，有红色、花红色、亮白色多种，宿存萼片隆起。

为20世纪五六十年代栽培鲜食水果，酸甜可口，香气扑鼻，在山滩普遍分布。树龄老化，所剩无几。

定边植物图鉴

蔷薇科 | 苹果属
花叶海棠

别名：花叶杜梨 马杜梨　　学名：*Malus transitoria*

落叶小乔木。苗期匍匐状，幼树弯曲。小枝细长，褐色，老枝灰褐色，具木质刺。叶互生，叶片卵形至广卵形，3～5不规则深裂，先端圆钝或渐尖，基部圆形；叶柄长2～3厘米。伞形花序，有花3～6朵，花梗长2～2.5厘米，花白色。果实球形，萼片脱落。花期4月底，果期9月。

南部山区有零星栽培。种子繁殖。

可作砧木。

蔷薇科 | 苹果属
苹果

别名：西洋苹果 柰　　学名：*Malus pumila*

落叶乔木。侧枝旺盛，分枝角度大，树冠开阔；枝条紫褐色。初生幼枝有绒毛，后无毛；冬芽有绒毛。叶互生，叶片椭圆形、卵形至宽椭圆形，先端渐尖，叶缘有圆钝锯齿；叶柄长1.5～3厘米。伞房花序顶生，有花3～5朵，花瓣粉红色。梨果圆球形，萼片宿存。花期4月中旬，果期7月中旬至10月。

栽培鲜食水果，全县普遍分布。嫁接繁殖。

主要栽培品种有：

红玉：果中小型，果酸丰富。20世纪70年代主栽品种。

秦冠：果大型，绿黄色，20世纪70年代主栽品种。

黄元帅：果大型，黄色，20世纪七八十年代主栽品种。

红元帅：果大型，红色，20世纪七八十年代主栽品种。

秦星：果大型，红色，20世纪八九十年代品种。

21世纪：果大型，红黄色，有黄色条纹，20世纪90年代引进品种。

嘎拉：果大型，红色，有浅色纹，20世纪90年代引进品种。

烟富：果大型，红色，20世纪90年代引进品种。

富士：果大型，红色，20世纪90年代后期引进品种。

蔷薇科 | 苹果属
楸子

别名：海棠果　　学名：*Malus prunifolia*

落叶小乔木。幼枝粗壮，短枝多；幼枝褐色，老枝灰褐色。叶片大小差异大，卵形或椭圆形，先端渐尖或急尖，基部宽楔形，边缘有细锐锯齿；叶柄长2～4厘米。伞形花序，有花4～10朵，花梗长2～3厘米，细长；花瓣白色。果实球形，红色，萼裂片宿存。花期4月底，果期9月。

在山、滩零星栽培，生长于田埂、地畔和房前屋后，种子繁殖。

可作砧木树种，嫁接苹果，花、果期可供观赏。果实药用。

蔷薇科 | 苹果属
山荆子

别名：林檎子 山定子　　学名：*Malus baccata*

落叶小乔木。小枝暗褐色，老枝灰褐色。叶互生，叶片椭圆形至卵状椭圆形，先端渐尖或急尖，基部楔形，全缘，叶缘有小锯齿；叶面深绿色，下面颜色较浅，叶柄长2～3厘米。伞形花序，有花3～5朵，花梗长2～3厘米，无毛；花瓣白色。梨果圆球形，直径1.5～2.5厘米，萼片宿存，果实先端隆起。花期4月底，果期8～9月。

南部山区有散生，生长于房前院落和田边地畔。

可作嫁接苹果砧木。可作园林观赏植物，在小区、广场、街道旁栽植。

蔷薇科 | 苹果属
西府海棠

别名：海棠花　　学名：*Malus × micromalus*

落叶小乔木。枝条直伸向上，窄冠幅，小枝细弱。叶片长椭圆形，长5～8厘米，宽2.5～5厘米，先端渐尖，基部楔形或近圆形，边缘有锐锯齿，叶柄长2厘米。伞形总状花序，有花4～7朵，集生于小枝顶端，花瓣白色带有红晕或淡粉红色，后变淡。梨果近球形，直径1～1.5厘米，红色，萼片多数脱落，少数宿存。花期4～5月，果期8～9月。

优良绿化观赏树种，在小区、广场、街道旁栽植。用野海棠作砧木嫁接繁育。

蔷薇科 | 蔷薇属
腺齿蔷薇

别名：大果蔷薇　　学名：*Rosa albertii*

灌木，高1～2米；小枝灰褐色或紫褐色，有散生直细皮刺，通常密生针刺，针刺基部有圆盘。小叶5～7，连叶柄长3～8厘米，小叶片卵形、椭圆形、倒卵形，边缘有重锯齿，上面无毛，下面有短柔毛，沿脉较密。花单生或2～3朵簇生；花梗长1.5～3厘米；花直径3～4厘米；萼片卵状披针形，先端尾尖；花瓣白色，宽倒卵形，先端微凹，基部宽楔形。果梨形或椭圆形，直径8～18毫米，橙红色。花期6～8月，果期8～10月。

绿化观赏树种，在小区、广场、街道旁栽植。

蔷薇科 | 蔷薇属
黄刺玫

别名：黄刺莓 刺玫花 破皮刺玫　　学名：Rosa xanthina

落叶丛生灌木。小枝细长，有散生皮刺，尖而硬。奇数羽状复叶，小叶7~13，宽卵形或近圆形，全缘，叶缘具锯齿，先端钝，基部宽楔形，叶柄短。花单生或几朵集生，腋生或顶生，花瓣黄色，倒卵形，单瓣或垂瓣，花叶同放。蔷薇果圆球形，紫红色或紫褐色。花期5~6月，果期8~9月。

景观植物，常见于路边或公园、小区丛植。主要用分株繁殖。

花浓香，可提取芳香油，果实可制果酱和酿酒。

蔷薇科 | 蔷薇属
玫瑰

别名：红玫瑰 红蔷薇　　学名：*Rosa rugosa*

落叶灌木，直立，枝干褐色，粗壮，皮刺多，密被刺毛。羽状复叶，小叶5～9，椭圆形，长2～5厘米，宽1～2厘米，质厚，边缘有钝锯齿；叶脉凹陷，多褶皱，无毛，下面苍白色，有柔毛；叶柄和叶轴有绒毛和疏生小皮刺，托叶附于叶柄上。花单生或多朵簇生，花紫红色，芳香。蔷薇果球形，艳红色，肉质，萼片宿存。花期5～6月，果期9～10月。

园林观赏植物，普遍在庭院、小区、广场栽培。用播种、分株、压条、扦插繁殖。

花浓香，可提取芳香油。

蔷薇科｜蔷薇属
月季

别名：月季花 月月红　　学名：*Rosa chinensis*

　　直立矮小灌木。小枝有粗壮而略带钩状的皮刺，有的品种无刺。羽状复叶，小叶3～5，小叶片宽卵形至卵状长圆形，先端渐尖，基部宽楔形或近圆形，边缘有锐锯齿，叶面光亮，两面无毛；叶柄散生小皮刺，托叶大部分附生于叶柄上。花单生或数朵集生，微香，花重瓣，紫红、粉红或黄色，直径5厘米。蔷薇果卵圆形，红色。萼片宿存。

　　园林观赏植物。栽植于小区、公园、广场和路旁。嫁接和扦插繁育。

　　花可提取芳香油，亦可入药。

蔷薇科 | 山楂属
山楂

别名：山里红 红果 酸楂　　学名：*Crataegus pinnatifida*

落叶小乔木。小枝紫褐或紫红色。无毛，有稀疏细刺。叶片三角状卵形或扇形，长、宽均4~8厘米，顶端圆钝或稍尖，基部宽楔形；叶中部有两深裂过半，边缘有多数小浅裂；叶柄长2~3厘米。伞房花序，花数朵，白色。梨果球形，红色，有白点。萼裂片宿存。花期5~6月，果期9~10月。

南部山区有零星分布。近年作经济林树种和观赏植物栽培。用种子或分株繁殖。

果实营养丰富，供鲜食和加工。

果实、种子、根、木、叶均有药用价值。

蔷薇科 | 桃属
长梗扁桃

别名：长柄扁桃 柄扁桃　　学名：*Amygdalus pedunculata*

落叶灌木。树皮灰白色。叶在短枝上密集簇生，在一年生枝上互生，叶片长椭圆形。花单生，花瓣粉红色。果实近球形，紫红色，果肉薄，成熟时开裂。花期4～5月，果期8月。

原产于陕蒙交界的毛乌素沙地，现比较濒危。近年在北部沙区和东南山区引进造林。取仁和供观赏。

种仁入药，榨油。

蔷薇科 | 桃属
红叶碧桃

别名：紫叶桃　紫叶碧桃　　学名：*Amygdalus persica* 'Atropurpurea'

小乔木。桃树的栽培品种，树皮灰褐色，粗糙。叶片长圆披针形、椭圆披针形或倒卵状披针形，红色，先端渐尖，基部宽楔形。花单生两朵生于叶腋；先叶开花或花叶近同期；花重瓣，红色或粉红色。

桃的栽培品种，优良的早春色叶树及观花树木。

蔷薇科｜桃属
山桃

别名：山毛桃 野桃　　学名：*Amygdalus davidiana*

落叶灌木或小乔木。树冠开阔，树皮光滑明亮，紫红色，小枝细长，红褐色。叶互生，叶片披针形，先端渐尖，基部楔形，中脉明显突出，全缘，叶缘具锯齿。花单生，先于叶开放，花瓣粉红色或白粉色。果实球形或卵形，成熟果淡黄色，密被短柔毛，果肉薄而干，成熟不开裂。核果球形或卵形，坚硬。花期4月上中旬，果期8月。

是南部山区乡土树种，白马崾先有近百年大树，适应性强，寿命长。砧木树种，可嫁接桃、梅、李等。种子繁殖。

种仁入药。

蔷薇科 | 桃属
陕甘山桃

别名：毛桃 本地桃　　学名：*Amygdalus davidiana* var. *potaninii*

落叶小乔木。树冠开阔，树皮光滑，主干灰白色，幼枝灰褐色。叶互生，叶片披针形或卵状披针形，先端渐尖，基部楔形，有叶柄，全缘，叶缘具锯齿。花单生或2~3朵簇生，先花后叶，花瓣红色或粉红色。果实卵形，成熟果有红色、黄色或淡黄色、粉绿色，密被短柔毛，果肉肥厚，味道各异。核果卵圆形，坚硬。花期4月中旬，果期8月下旬至9月中旬。

为过去农村栽培品种，喜土壤肥厚、水肥充足的立地条件。不耐水渍。寿命短。

不用嫁接的优良品种有黄甘桃、红心桃等。用种子繁育，退化严重。

种仁入药。

蔷薇科｜桃属
桃

别名：桃子　　学名：*Amygdalus persica*

乔木，高3～8米；树冠宽广而平展；树皮暗红褐色，老时粗糙呈鳞片状；小枝细长，无毛，有光泽，绿色，向阳处转变成红色，具大量小皮孔；冬芽圆锥形，顶端钝，外被短柔毛，常2～3个簇生，中间为叶芽，两侧为花芽。叶片长圆披针形或椭圆披针形，长7～15厘米，宽2～3.5厘米，先端渐尖，基部宽楔形，上面无毛，下面在脉腋间具少数短柔毛或无毛；叶柄粗壮。花单生，先于叶开放；花梗极短或几无梗；萼片卵形至长圆形，顶端圆钝，外被短柔毛；花瓣长圆状椭圆形至宽倒卵形，粉红色，罕为白色。果实卵形、宽椭圆形或扁圆形，常在向阳面具红晕，外面密被短柔毛，腹缝明显；果核大，椭圆形或近圆形，两侧扁平，顶端渐尖，表面具纵、横沟纹和孔穴。花期3～4月，果实成熟期因品种而异，通常为8～9月。

原产于我国，世界各地均有栽植。本地传统水果之一，栽培品种很多。

蔷薇科｜桃属
重瓣榆叶梅

别名：红花榆叶梅　　学名：*Amygdalus triloba* f. *multiplex*

落叶灌木或小乔木。枝条紫红色，柔，开展，分枝多。叶互生，叶片宽椭圆形，长3～6厘米，宽1.5～3厘米，先端渐尖，基部宽楔形；叶缘锯齿形，叶柄短。花单生至3～5朵腋生，先花后叶，花瓣7～8层，红色。核果球形，紫红色，果肉薄。核有硬厚壳，表面有皱纹。

2010年引进观赏植物，树形美观，花红色艳，宜于庭院、小区、广场、道路绿化美化栽培。播种育苗或以山桃作砧木嫁接繁育。

蔷薇科 | 金露梅属
金露梅

别名：金蜡梅 金老梅　　学名：*Potentilla fruticosa*

落叶短小灌木。分枝多，树皮纵向剥落，小枝红褐色，幼时有丝状长柔毛。羽状复叶，有小叶5，长椭圆形或矩圆状披针形；全缘，先端急尖，基部楔形；叶柄短，有柔毛。花单生或数朵成伞房状，顶生，花黄色。瘦果近卵形，褐棕色，密生长柔毛。花果期6～9月。

旱生植物，园林中作观赏植物。种子繁殖。

还有一种：银露梅（*Potentilla glabra*），形态极其相似，花白色。

花、叶入药。

蔷薇科 | 委陵菜属
二裂委陵菜

别名：委陵菜　　学名：*Potentilla bifurca*

多年生草本，矮小。茎平铺，少直立，自基部多分枝。羽状复叶，有小叶5～8对，小叶片无柄，对生，椭圆形或长椭圆形，先端圆钝或二裂，全缘，上面无毛，下面微生柔毛。聚伞花序，有花3～5朵，花梗有柔毛；花黄色，直径1～1.5厘米。瘦果小，无毛，光滑。花果期5～9月。

适应性强，分布干旱山地、沙地和林边路旁。种子繁殖。

全草入药。

蔷薇科 | 委陵菜属
蕨麻

别名：人参果 延寿草 蕨麻委陵菜 莲花菜 鹅绒委陵菜　　学名：Potentilla anserina

多年生草本。根向下延长，有时在根的下部长成纺锤形或椭圆形块根。茎匍匐，红色，节处生不定根。基生叶为间断羽状复叶，有6～25对小叶，对生或互生，小叶矩圆形、椭圆形或倒卵形，先端钝圆，边缘有缺刻状锐锯齿，表面近无毛；下面密被紧贴银白色绢毛；茎生叶与基生叶相似，小叶对数较少。单花腋生；花梗疏被柔毛；萼片三角状卵形，常2～3裂；花瓣黄色，倒卵形；花柱侧生，小枝状。花果期5～9月。

生于湿润沙地、湖盆边缘、河滩湿草地及轻度盐渍化草甸。

固沙保土植物，根入药，富含淀粉。

蔷薇科 | 委陵菜属
委陵菜

别名：翻白草 生血丹 扑地虎 五虎噙血 天青地白　　学名：*Potentilla chinensis*

多年生草本，高30~60厘米，根肥大，木质化。茎丛生，直立或斜生，有白色柔毛。基生叶为羽状复叶，有小叶片5~15对，小叶片对生或互生，长圆形或长圆披针形；羽状深裂，裂片三角状披针形，叶下面密生白色绵毛；托叶和叶柄基部合生。聚伞花序顶生，花梗有白色绒毛；花黄色，直径1厘米。瘦果卵球形，深褐色，有皱纹。花果期5~10月。

生于山区较湿润的沟边、田旁、滩区下湿地和林边、路旁。种子繁殖。

全草入药。

定边植物图鉴

蔷薇科 | 委陵菜属
星毛委陵菜

别名：无茎委陵菜　　学名：**Potentilla acaulis**

多年生草本，高2～12厘米，植株灰绿色。花茎丛生，密被星状毛及开展微硬毛。基生叶掌状三出复叶，连叶柄长1.5～7厘米，叶柄密被星状毛及开展微硬毛；小叶片倒卵椭圆形或菱状倒卵形，顶端圆钝，基部楔形，每边有4～6个圆钝锯齿，两面灰绿色，密被星状毛及开展微硬毛，下面沿脉较密；茎生叶1～3，小叶与基生小叶相似。顶生花1～2或2～5朵成聚伞花序，花梗长1～2厘米，密被星状毛及疏柔毛；花直径1.5厘米；花瓣黄色，倒卵形，顶端微凹或圆钝，比萼片长约1倍。瘦果近肾形。花果期4～8月。

生山坡草地、砂原草滩、黄土坡、多砾石瘠薄山坡，海拔580～3 000米。本地区广布，是最早开花的植物之一。

蔷薇科 | 杏属
山杏

别名：羊粪蛋杏　　学名：*Armeniaca sibirica*

落叶乔木。树皮灰褐色，纵裂，叶枝先端刺状，幼枝红褐色，短果枝稠密。叶互生，叶片卵形到圆卵形，比嫁接杏子叶小，先端锐尖，基部圆心状楔形，全缘，叶缘有小锯齿。花单生或2～3个簇生，先花后叶；无花梗或具极短梗；萼片5裂，反折；花瓣粉红色。核果球形或卵形。花期4月上、中旬，果期7月。

全县普遍分布，品种多，果型、颜色多样，种仁（杏仁）入药。

杏仁小者仅1.5厘米，大者3～3.5厘米，味道各异。种子繁殖，可作杏子、李子等砧木树种。

蔷薇科｜杏属
杏

别名：归勒斯 杏花 杏树　　学名：*Armeniaca vulgaris*

落叶乔木。树皮灰褐色，纵裂；幼枝红褐色，果枝短而多。叶互生，叶片宽卵形到圆卵形，先端锐尖，基部圆心状楔形，全缘，叶缘具小锯齿。花单生或2～3个簇生，先花后叶；无梗或具极短梗；花萼裂片5，卵形至卵状长圆形，先端急尖或圆钝，花后反折；花瓣圆形至倒卵形，白色或带红色，具短爪。核果球形，有红色、红黄色、黄色等多样，果肉肥厚多汁。花期4月中旬，果期7月上、中旬。

为栽培鲜食水果。山、滩均有分布。以山杏作砧木嫁接繁育。

种仁（杏仁）入药。

我县主要栽培品种有：凯特杏、金寿星、金太阳、二转子、大接杏、黄蜜、香杏。

蔷薇科｜绣线菊属
三裂绣线菊

别名：石棒子 硼子 三桠绣菊 兔蒿杆子　　学名：*Spiraea trilobata*

落叶灌木。高40～200厘米，小枝细弱，开展，呈"之"字形弯曲，幼枝黄褐色，无毛。叶片近心形或圆形，先端3裂，基部圆形或楔形，边缘自中部以上具少数圆钝锯齿，两面无毛，基部有明显的3～5出脉。伞形花序，生于当年生枝上，具花多数，花瓣白色。蓇葖果开张，宿存萼片直立。花期5～6月，果期7～8月。

南部山区沟壑、坡地有零星分布。种子繁殖。

优质饲料植物和水土保持树种。栽培可供观赏。

蔷薇科 | 绣线菊属
土庄绣线菊

别名：蚂蚱腿 石蒡子 土庄花　　学名：*Spiraea pubescens*

落叶灌木。小枝开展，稍弯曲，褐黄色，无毛。叶片菱状卵形至椭圆形，长2～3厘米，宽2～2.5厘米；先端钝尖，三裂，基部楔形，边缘自中部以上具少数圆钝齿；两面无毛，基部具明显3～5脉。伞形花序有总花梗，无毛，花15～30朵，花白色。蓇葖果开张。花期5～6月，果期7～8月。

观赏植物。种子繁殖。

蔷薇科 | 绣线菊属
粉花绣线菊

别名：火烧尖 蚂螨梢 日本绣线菊　　学名：*Spiraea japonica*

直立灌木，高达1.5米；枝条细长，开展，小枝近圆柱形。叶片卵形至卵状椭圆形，长2～8厘米，宽1～3厘米，先端急尖至短渐尖，基部楔形，边缘有缺刻状重锯齿或单锯齿，上面暗绿色，下面色浅或有白霜，通常沿叶脉有短柔毛；叶柄长1～3毫米，具短柔毛。复伞房花序生于当年生的直立新枝顶端，花朵密集，密被短柔毛；苞片披针形至线状披针形，下面微被柔毛；花萼外面有稀疏短柔毛，萼筒钟状；萼片三角形；花瓣卵形至圆形，先端通常圆钝，长2.5～3.5毫米，宽2～3毫米，粉红色。蓇葖果半开张，无毛或沿腹缝有稀疏柔毛，花柱顶生，稍倾斜开展，萼片常直立。花期6～7月，果期8～9月。

引种，我国各地栽培供观赏。

蔷薇科 | 栒子属
水栒子

别名：香李 多花灰栒子 栒子木　　学名：Cotoneaster multiflorus

落叶灌木或小乔木。小枝红褐色或棕褐色，无毛。叶片在幼枝上互生，卵形或宽卵形，先端急尖或圆钝，基部圆形或宽楔形，全缘，叶柄0.5～1厘米。聚伞花序，有花多数，花瓣白色。梨果近球形，直径0.8～1厘米，红色，果核1个。花期5月，果期8～9月。

分布于白马崾先沟坡山地。播种繁殖。

观赏植物，5月白花盛开，8月红果累累，极具观赏价值。

蔷薇科 | 栒子属
西北栒子

别名：土兰条 杂氏灰栒子 札氏栒子　　学名：*Cotoneaster zabelii*

落叶灌木或小乔木，高达2米；枝条细瘦开张，小枝圆柱形，深红褐色，幼时密被带黄色柔毛，老时无毛。叶片椭圆形至卵形，长1.2～3厘米，宽1～2厘米，先端多数圆钝，稀微缺，基部圆形或宽楔形，全缘，上面具稀疏柔毛，下面密被带黄色或带灰色绒毛。花3～13朵成下垂聚伞花序，总花梗和花梗被柔毛；萼片三角形；花瓣直立，倒卵形或近圆形，直径2～3毫米，先端圆钝，浅红色。果实倒卵形至卵球形，直径7～8毫米，鲜红色，常具2小核。花期5～6月，果期8～9月。

生于黄土丘陵沟壑区的山坡阴处、沟谷边、灌木丛中。南部山区四旁常见。

蔷薇科｜樱属
日本晚樱

别名：山樱花 野生福岛樱 樱花　　学名：*Cerasus serrulata* var. *lannesiana*

樱属落叶小乔木，树皮暗褐色或暗灰色，平滑；小枝褐色或灰绿色，微生短柔毛，分枝粗壮。叶椭圆状卵形或倒卵形，长5～12厘米，宽3～6厘米，质厚，先端渐尖，基部近圆形或宽楔形，边缘有重锯齿，上面无毛，下面沿叶脉有短柔毛，叶柄长近1厘米。花5～6朵成短总状花序，生于短枝顶端，先叶开放，花直径2～3厘米，花梗长2厘米；萼筒有短柔毛，裂片短圆状三角形，花瓣淡红色或白色，芳香，先端微凹陷。核果近球形，直径1厘米，黑色，无毛。花期4月中旬。

日本晚樱是山樱花的变种，引自日本，供观赏用，品种繁多。

观赏绿化树种，小区和机关院落有栽培。

蔷薇科 | 珍珠梅属
华北珍珠梅

别名：高丛珍珠梅　　学名：*Sorbaria kirilowii*

落叶灌木。小枝无毛，紫褐色。羽状复叶，小叶13～17，披针形或矩圆披针形，长3～5厘米，宽1.5～2厘米，全缘，边缘尖锐重锯齿，两面无毛或在脉腋间有短柔毛。大型密集圆锥花序顶生，花白色，花蕾像一颗颗珍珠。蓇葖果长圆形，萼片宿存。花期7～8月，果期9月。

适宜肥沃湿润的栽培条件，多见于广场、小区、路边作观赏植物。萌蘖性强，用分株、扦插或种子繁殖。

枝条药用。

豆科 | 菜豆属
菜豆

别名：豆角 白花菜豆 四季豆　　学名：*Phaseolus vulgaris*

　　一年生缠绕草本，多分枝，茎被短柔毛。羽状3小叶，顶生小叶宽卵形至菱状卵形，脉上具疏柔毛。总状花序腋生，有花数朵，呈无限状开放。花冠白色，后变黄色。荚果圆柱状线形，长16~20厘米，先端具喙。花期6~8月，果期8~10月。

　　嫩荚果为优质蔬菜，采摘时间长。种子可食用亦可药用。嫩荚果霜冻后有毒，禁食。

豆科 | 草木樨属
白花草木樨

别名：草木樨 白香草木樨　　学名：*Melilotus albus*

二年或多年生草本，高100～140厘米。根系发达，具根瘤菌。茎直立或斜升，茎中空，下部红褐色，上部红绿色，具气味。羽状复叶，有小叶3，叶片椭圆形或长圆形，全缘，先端圆钝，有小尖，托叶条状披针形。总状花序顶生和腋生，具花数十朵，花小，白色。荚果椭圆形，有种子1～2粒。花期6～7月，果期7～8月。

全县以绿肥或倒茬肥田植物广有种植，可作饲草。全草入药。含香豆素可作工业香料。

豆科 | 草木樨属
草木樨

别名：黄花草木樨 金花草　　学名：**Melilotus officinalis**

二年或多年生草本，高100～140厘米。根系发达，具根瘤菌。茎直立或斜升，茎中空，下部红褐色，全株具气味。羽状复叶，有小叶3，叶片椭圆形或披针形，先端圆钝，基部楔形，全缘；托叶三角形。总状花序顶生和腋生，具花数十朵，花黄色。荚果椭圆形，有种子2粒。花期6～7月，果期7～8月。

种子繁殖，作饲草、绿肥或倒茬肥田植物广泛种植。用途同白花草木樨。

白车轴草

豆科 | 车轴草属

别名：白三叶 白花苜蓿　　学名：*Trifolium repens*

多年生草本，茎平卧。掌状复叶，有小叶3，叶片倒卵形、倒心形或近圆形，有长叶柄，托叶卵状披针形，抱茎；叶片先端圆钝或凹陷，全缘，边缘具细锯齿。头状花序具多数花，有长总花梗，花萼钟状，花冠白色或稍带红色。荚果倒卵状长圆形，有种子2~4粒。花期6~8月，果期9月。

公园、小区、广场草坪植物。种子繁殖。

可作绿肥。全草入药。

豆科 | 刺槐属
刺槐

别名：洋槐 德槐 花槐　　学名：*Robinia pseudoacacia*

落叶乔木。树皮褐色，具深纵裂，幼枝褐红色，树冠开阔。羽状复叶互生，有小叶7～25，椭圆形或卵形，先端圆或微凹，有小尖，基部圆形，无毛，全缘，有成对的托叶刺，叶柄基部膨大。总状花序腋生，长10～20厘米，花密，花萼钟状，花冠白色，有芳香。荚果线状长圆形，扁平，有种子3～10粒，褐色或麻褐色。花期5月，果期8～9月，不开裂。

全县沙地、草地、坡地、塬地、涧地和沟壑区均有分布。种子育苗，移栽造林，萌蘖强。

蜜源植物，花可食。根、皮、花、叶可入药。

有无刺槐、红花刺槐、曲枝刺槐、香花槐等多个栽培变种。

红花刺槐（*R. Decaisneana*）花亮玫瑰红色，较刺槐美丽，是杂种起源。园林常见栽培。

曲枝刺槐（*R. Tortuosa*）枝条明显扭曲。

豆科 | 刺槐属
毛刺槐

别名：毛洋槐 江南槐　　学名：*Robinia hispida*

　　落叶乔木。茎、枝、叶柄及花序均密生红色长刺毛。树皮灰褐色，幼枝红褐色，分枝斜升，疏皮刺着生叶柄两侧。羽状复叶互生，叶轴长15～30厘米，基部膨大，苞芽于内；有小叶片13～19枚，先端钝圆，基部阔楔形，全缘，边缘有小锯齿。穗状花序腋生，花序长8～15厘米，花轴下垂；花萼钟形，花冠红或紫红色。花期4月底至5月底；8月有2次开花。

　　树形相对高大，花叶同放至先叶后花，花繁叶茂，满树紫红，极具观赏价值。植于小区、广场、公园和路旁，是绿化、美化好树种。刺槐作砧木嫁接繁殖。

豆科 | 甘草属
甘草

别名：甜草 甜根子 甘秧子　　学名：*Glycyrrhiza uralensis*

多年生草本，根和根状茎粗壮，皮红褐色，里面淡黄色，具甜味。茎直立，多分枝，密被褐色绒毛；托叶三角状披针形，叶柄密被褐色短柔毛；小叶5～17枚，长卵形或近圆形，顶端钝，具短尖，基部圆钝，边缘全缘，有波状小锯齿。总状花序腋生，花密集，萼钟状，花冠蓝紫色或紫红色。荚果条状长圆形，镰刀状弯曲，密被短毛，有种子2～5粒，肾形，黑色。花期5～6月，果期8～9月。

全县除盐碱地均有分布，甘草是"三边三宝"之一，曾是20世纪50至70年代农村一项重要的经济来源，分布及产量一度濒危，20世纪90年代禁控后有所恢复。种子繁殖。

根入药，著名中药。

豆科 | 合欢属
合欢

别名：夜合欢 绒花树　　学名：*Albizia julibrissin*

落叶乔木。分枝粗疏，树冠圆阔，小枝具棱。二回羽状复叶，有羽片4～12对，羽片有小叶10～30对，小叶片条形至条状矩圆形，先端急尖或圆，有小短尖，基部近圆形，偏斜。头状花序顶生或多个排成伞房状；花粉红色，有2～4厘米的花梗；雄蕊丝状，长3.5厘米；花萼密生短柔毛。荚果长条形，深褐色，长7～17厘米，扁平，有种子4～12个。花期6～7月，果期8～9月。

观赏植物，近年引入，植于小区和公园、广场绿化，树形高大冠阔，供乘阴和赏花观叶。

皮和花可入药。

定边植物图鉴

豆科 | 胡卢巴属
胡卢巴

别名：香草草 香豆子　　学名：Trigonella foenum-graecum

一年生草本。茎直立，多分枝，高40～60厘米。羽状复叶，有小叶2，叶片卵形或长圆披针形，全缘，先端渐尖；托叶卵形，基部和叶柄合生。花1～2朵腋生，无柄；花冠白色或淡黄色。基部微带蓝紫色。荚果条状圆柱形，微弯，先端渐尖，具长喙。花期7月，果期8月。

全县有少量种植，种子繁殖，春季播种，7月（农历六月六日）全株拔下或割茎叶晒干备用。

全草有香味，茎、叶、种子可提取芳香油。干茎叶磨碎后作蒸馍、花卷、烙饼调味剂，有独特香味。全草入药。

豆科 | 胡枝子属
兴安胡枝子

别名：达乌里胡枝子 牛枝子　　学名：*Lespedeza davurica*

落叶小灌木，茎长达1米，匍匐平铺，枝有短柔毛。羽状三出复叶，叶片披针状长圆形，先端钝，具小刺尖，基部圆形，上面无毛，下面密生短柔毛；托叶条形。总状花序腋生，无瓣花簇生于枝条的叶腋；花萼浅杯状，萼齿5，花冠黄绿色。荚果倒卵形，有白柔毛。花期6~8月，果期8~10月。

广布干旱沙地、草滩、坡地和沟壑。种子繁殖。

优质牧草，营养丰富，适口性好。全草入药。

豆科 | 胡枝子属
胡枝子

别名：大叶胡枝子 扫帚条 胡枝条　　学名：*Lespedeza bicolor*

　　落叶小灌木，茎直立。茎枝褐色，幼枝褐绿色，幼枝被柔毛。复叶具3小叶，小叶卵状长圆形或宽椭圆形，先端圆钝，有小尖，基部圆形，侧生小叶较小。总状花序腋生，较叶长；萼杯状，萼齿4；花冠紫色；荚果卵形，网脉明显，有密柔毛。花期7~8月，果期9~10月。

　　分布于山区较湿润沟底和沟沿、林下。种子繁殖。

　　优质牧草。全草入药。

豆科 | 槐属
白刺花

别名：狼牙刺　　学名：*Sophora davidii*

落叶灌木。小枝短，具尖刺。老枝灰色，幼枝灰褐色。奇数羽状复叶，长4～6厘米，有小叶11～21，叶片椭圆形或长卵形，先端圆钝，有小尖，基部圆楔形，上面无毛，背面疏生毛；托叶细小。总状花序生于小枝顶端，有花6～12，萼钟状，蓝紫色；花冠白色或蓝白色。荚果串珠状，有长喙，密生白色平铺柔毛；有种子1～7粒，成熟开裂，种子暗褐色。花期5～6月，果期8～9月。

南部山区荒山造林栽植，在白马崾先铁边城有零星分布。种子繁殖。可作绿篱和沙地丛植。

果、根、叶、花可入药。

定边植物图鉴

豆科 | 槐属
槐

别名：中槐 槐树 国槐　　学名：Sophora japonica

落叶乔木。树皮粗糙纵裂，幼枝深绿，有白色斑点。奇数羽状复叶7～15，叶轴有毛，基部膨大，小叶卵状椭圆形，先端渐尖或有细突尖，基部阔楔形，叶下面灰白绿色，疏生短柔毛。圆锥花序顶生，花梗绿色；花萼钟状，花冠黄白色。荚果肉质，串珠状，成熟不裂；种子肾形，黑褐色。花期7～8月，果期9～10月。

是街道、道路、公园绿化优良树种，树冠开阔，枝叶茂密，遮阴面大，抗空气污染，种子繁殖或扦插繁育。

花、果可入药，称为槐米、槐角。

豆科 | 槐属
蝴蝶槐

别名：五叶槐　　学名：*Sophora japonica* f. *oligophylla*

落叶乔木。老枝灰白色，幼枝深绿色。掌状复叶互生，叶柄长，基部膨大；有叶片5～7枚，掌状簇集在一起，4～6个叶片较小，顶生叶片大，三角形浅裂，中间宽大突出，先端锐尖，基部宽楔形；叶面绿色，背面白灰色。圆锥花序顶生，大而扩散，花冠黄白色，总花梗绿色，支花梗黄色。荚果肉质，串珠状。种子肾形，黑褐色。花期7～8月，果期9～10月。

槐树的栽培变种。绿化优良树种，散植于小区、广场和公园。遮阴乘凉效果好，抗空气污染，适应性强。种子或扦插繁殖。

花、果可入药。

豆科｜槐属
苦豆子

别名：苦豆 苦根 苦参　　学名：Sophora alopecuroides

多年生草本。根深、粗壮，暗褐色；萌生茎单生或丛生，粗壮，分枝帚状，密被白色绢毛；有小叶15～25，灰绿色，椭圆状披针形或矩圆形，先端渐尖，基部圆楔形，两面密被平贴绢毛。总状花序顶生，花密生；萼钟状；花冠黄色或黄白色。本种分布广，形态变化大，花色由黄色至白色，旗瓣两侧常呈淡紫色；茎极短缩至长达10厘米；总花梗极短或长达数厘米。荚果串珠状，有种子6～12粒。花期6～7月，果期8～9月，不开裂。

广布于滩区和半山区的坡地、草地和沙地，毛乌素沙地典型植被之一。种子繁殖。

全草有毒，含多种生物碱，人畜误食中毒。茎、叶是优质绿肥，氮、磷、钙含量高，亦作土农药。种子入药。

豆科 | 槐属
龙爪槐

别名：垂槐 盘槐　　学名：*Sophora japonica* var. *pendula*

落叶乔木。槐树嫁接树种。树皮灰白绿色，幼枝深绿色。羽状复叶有小叶7～15，叶轴基部膨大；小叶卵状椭圆形，先端渐尖有细突尖，基部阔楔形。圆锥花序顶生，下垂，花梗绿色；花萼钟状，花冠黄白色，无果实。花期7～8月。

龙爪槐因其枝条外伸下垂而得名。枝繁叶茂呈伞状，是小区、公园、广场绿化美化的优选树种。

槐树作砧木嫁接繁育。

豆科｜黄芪属
阿拉善黄芪

别名：阿拉善黄耆　　学名：*Astragalus alaschanus*

多年生草本。茎多数，细弱，常匍匐，高8～20厘米，被白色短伏贴柔毛。羽状复叶有11～17片小叶，长2～5厘米，具短柄；小叶狭椭圆形，稍肥厚，下面被白色短伏贴柔毛，叶缘向上微反卷，呈白边状。总状花序生10～21花，呈头状；总花梗远远长于叶长，被白色短伏贴柔毛，上部并混生黑色柔毛；花梗长1～2毫米，连同花序轴密被黑色柔毛；花萼钟状，被黑色伏贴柔毛；萼齿长为萼筒的1/4；花冠近白色，旗瓣倒卵形，翼瓣与旗瓣近等长，先端有不等的2裂或微凹，基部具长耳，龙骨瓣小，先端带青紫色。荚果。花期5月。

产自内蒙古阿拉善、宁夏北部、陕西西北部。为草原旱生种，生于砂砾质山坡、黄土坡。

豆科 | 黄芪属
糙叶黄芪

别名：春黄芪　　学名：*Astragalus scaberrimus*

多年生草本，密被白色伏贴毛。根状茎短缩，多分枝，木质化；地上茎不明显或极短，有时伸长而匍匐。羽状复叶有7～15片小叶，长5～17厘米；叶柄与叶轴等长或稍长；托叶下部与叶柄贴生，长4～7毫米。总状花序生3～5花，排列紧密或稍稀疏；总花梗极短或长达数厘米，腋生；花冠淡黄色或白色；子房有短毛。荚果披针状长圆形，微弯，长8～13毫米，宽2～4毫米，具短喙，背缝线凹入，革质，密被白色伏贴毛。花期4～8月，果期5～9月。

生于山坡石砾质草地、草原、沙丘及沿河流两岸的沙地。

牛、羊喜食，可作牧草及水土保持植物。

定边植物图鉴

豆科 | 黄芪属
草木樨状黄芪

别名：扫帚苗 马梢　　学名：*Astragalus melilotoides*

多年生草本，茎从基部丛生，直立，多分枝。羽状复叶，有小叶3～7，小叶片条状矩圆形，两面有短柔毛；有短叶柄；先端渐尖，基部楔形。总状花序腋生，花小，花萼钟状，花冠白色。荚果椭圆形，具短喙。花期7～8月，果期8～9月。

滩区分布于固定沙地、草滩地，山区生长于沟畔和沟底及塬畔。

优质牧草，适口性好。全草入药。

豆科 | 黄芪属
单叶黄芪

别名：单叶黄耆　　学名：*Astragalus efoliolatus*

多年生矮小草本，高5～10厘米。茎短缩，密丛状。主根细长，直伸，黄褐色或暗褐色。叶有1片小叶；小叶线形，长2～12厘米，宽1～2毫米，先端渐尖，两面疏被白色伏贴毛，全缘，下部边缘常内卷，中脉明显。总状花序生2～5花，较叶短，腋生；苞片披针形，膜质，被白色长毛，先端尖，与花梗近等长；花萼钟状管形，密被白色伏贴毛；花冠淡紫色或粉红色，子房有毛。荚果卵状长圆形，长约1厘米，扁平，无柄，被白色伏贴毛。花期6～9月，果期9～10月。

原产于内蒙古、陕西、宁夏、甘肃。本区采于定边县羊圈山。

喜生于砂质冲积土上。青鲜草牛、羊喜食，可作牧草。

豆科 | 黄芪属
乳白黄芪

别名：白花黄耆 乳白黄耆　　学名：*Astragalus galactite*

多年生草本，高5~10厘米，主根深，无茎。托叶基部与叶柄结合，叶柄稍短于叶轴；小叶5~9对，椭圆形或矩圆形，长5~10毫米，宽1.5~3毫米，先端圆或锐尖，基部稍圆，两面疏被白色"丁"字毛，小叶沿叶中脉对折，呈明显的"舟"形。每叶腋2花，似多花密集于叶丛基部；花冠白色或稍带黄色。荚果卵形，幼果被毛。花期5~6月，果期6~8月。

生于沙地、砾石地、干山坡。

作饲料、固沙植物。适应性强，沙区普遍飞机播种分布。

斜茎黄芪

豆科 | 黄芪属

别名：沙打旺 直立黄芪 马拌肠　　学名：*Astragalus laxmannii*

多年生草本，茎丛生，粗壮，高1～1.2米，直立或斜生，具纵棱。羽状复叶，具小叶7～21，小叶片卵状椭圆形、矩圆形或椭圆形，全缘；先端钝尖，叶背被白毛；托叶三角形，基部稍连合。总状花序矩圆状，腋生，花多数，密集，总花梗较叶长，小花梗短，花萼筒状钟形，萼齿狭披针形，花冠蓝紫色或红紫色。荚果矩圆形，具弯喙和短果梗，被黑色或褐色毛。种子黄色。花期6～8月，果期8～9月。

适应性强，沙区普遍飞机播种分布。

嫩茎叶是优质牧草，营养丰富；后期茎秆粗硬，适口性差。

根可入药。

豆科 | 棘豆属
猫头刺

别名：刺叶柄棘豆 鬼见愁　　学名：*Oxytropis aciphylla*

丛生垫状小灌木，根粗壮，深入土中。茎多分枝，呈馒头状密丛。羽状复叶，长2～5厘米，具小叶4～8；小叶条形，先端具刺尖，两面密被银灰色伏毛；叶轴宿存，先端硬刺状，托叶膜质。总状花序具花1～2朵，腋生，苞片膜质，花萼筒状，花冠紫红色。荚果硬革质，矩圆形，密生白色平伏柔毛，背缝线凹陷。花期5～6月，果期7月。

生于砾石平原、半固定沙地、丘陵坡地、覆沙硬梁地。

在本区分布于西部滩区和西南山地的干旱梁峁，零散分布，种子繁殖。

茎、叶药用。

豆科 | 棘豆属
多枝棘豆

别名：昌都棘豆　　学名：*Oxytropis ramosissima*

多年生草本，高10～20厘米，全体密被白色长柔毛。根淡褐色，较细，直伸。茎分枝多，细弱，铺散。轮生羽状复叶长3～5厘米；小叶2～5轮，通常每轮4片，亦有对生的，线形或线状圆形，长5～10毫米，宽1～3毫米，先端尖，基部楔形，边缘常内卷，两面密被白色长柔毛。1～3花组成腋生短总状花序；总花梗长5～8毫米，密被贴伏白色柔毛；花长约8毫米；花冠蓝紫色。荚果革质，椭圆形或近卵形，扁平，腹隔膜狭，密被短柔毛。花期5～8月，果期8～9月。

生于流动沙丘、半固定沙丘、沙质坡地及风积砂地上。分布于本区毛乌素沙地流动、半流动沙丘迎风坡中、下部。固沙先锋植物。

豆科 | 棘豆属
二色棘豆

别名：地角儿苗 地丁 鸡嘴嘴　　学名：*Oxytropis bicolor*

多年生草本，主根圆锥形，褐色，侧根少而细弱。从基部丛生，茎短。轮生羽状复叶，具小叶6～15轮，对生或4轮生，小叶片条状或条状披针形，两面密被白绢毛，先端渐尖，基部圆形。总状花序头状，有花10～20朵，总花梗长于叶轴；苞片披针形，花冠红紫色。荚果卵状长圆形，膨胀，密生柔毛，2室。花期5～6月，果期7～8月。

全县均有分布，生于草滩和草坡地。种子繁殖。

优质牧草。花后含粗蛋白、粗脂肪、粗纤维和钙、磷、氨基酸。

豆科 | 棘豆属
黄毛棘豆

别名：黄土毛棘豆 黄穗棘豆　　学名：*Oxytropis ochrantha*

多年生草本。主根木质化而坚韧。全株密被黄色长柔毛。茎极缩短，多分枝，被丝状黄色长柔毛。轮生羽状复叶长8～20厘米；托叶膜质，宽卵形，于中下部与叶柄贴生，先端急尖；叶柄上面有沟槽；小叶13～19，对生或4片轮生，卵形、长椭圆形、披针形或线形，基部圆形。多花组成密集圆筒形总状花序；花葶坚挺，圆柱状；花萼坚硬，几革质，筒状；花冠白色或淡黄色，旗瓣倒卵状长椭圆形，翼瓣匙状长椭圆形，龙骨瓣近矩形，喙锥形，基部有耳和瓣柄。荚果膜质，卵形，膨胀成囊状而略扁，先端渐狭成尖头，沿腹缝有极浅的槽和龙骨状凸起，沿背缝具小沟。花期6～7月，果期7～8月。

生于海拔1 500～2 700米的山坡草地或林下。分布于东部山区。

豆科 | 棘豆属
砂珍棘豆

别名：砂棘豆 泡泡草　　学名：*Oxytropis racemosa*

多年生草本，高5～15厘米。根圆锥状，红褐色。茎极短，丛生。轮生羽状复叶，具小叶6～12轮，每轮4～6小叶；小叶片长圆形，两面密被伏贴白色柔毛；叶柄和叶轴具细沟纹。总状花序近头状，顶生，苞片披针形，花萼管状钟形，被短柔毛；花冠红紫色或淡红色。荚果膜质，卵状球形，膨胀，先端具钩状短喙，背缝线明显。花期5～6月，果期7～8月。

全县均有分布，生于草滩、路旁和草坡。种子繁殖。

全草入药。

豆科 | 棘豆属
小花棘豆

别名：醉马草 马绊肠 断肠草　　学名：*Oxytropis glabra* var. *drakeana*

多年生草本，高10～30厘米。茎伸长，分枝呈弯曲的"之"字状，被贴伏柔毛，稀微被短柔毛。小叶长圆形，先端渐尖，具小尖头，基部圆形，上面无毛，下面疏被柔毛。腋生总状花序，花排列稀疏；总花梗较叶长；花冠紫色，旗瓣倒卵形，先端近截形，微凹或具细尖。荚果长椭圆形，膨胀，密被柔毛。花期6～7月，果期7～8月。

生于海拔800～2 700米的盐土草滩上、沙海子、山坡及河流两岸的沙地。

全草有毒，牲畜误食后可中毒。其中马最易中毒，症状也最重，可用其根熬水或用酸奶灌服解毒。本区滩地草原主要害草之一。全草药用。

豆科 | 锦鸡儿属
甘蒙锦鸡儿

别名：猫儿刺　　学名：*Caragana opulens*

灌木，高40～60厘米。树皮灰褐色，有光泽，树皮环状剥落。小枝细长，稍呈灰白色，有明显条棱。假掌状复叶有4片小叶；托叶在长枝者硬化成针刺，直或弯，在短枝者较短，脱落；小叶倒卵状披针形，长3～12毫米，宽1～4毫米，先端圆形或截平，有短刺尖，绿色。花萼钟状管形，萼齿三角状；花冠黄色，旗瓣宽倒卵形，长20～25毫米，有时略带红色，顶端微凹，基部渐狭成瓣柄，翼瓣长圆形，先端钝，耳长圆形，瓣柄长稍短于瓣片，龙骨瓣的瓣柄稍短于瓣片，耳齿状。荚果圆筒状，长2.5～4厘米，无毛。花期5～6月，果期6～7月。

生于山坡、沟谷、黄土丘陵。

优良饲料，固沙、保土植物。

豆科 | 锦鸡儿属
甘肃锦鸡儿

别名：母猪刺　　学名：*Caragana kansuensis*

矮灌木，高40～60厘米，基部多分枝，开展。枝条细长，灰褐色，疏被伏生柔毛，具凸起纵条纹。假掌状复叶有4片小叶，长枝者硬化成针刺，宿存；小叶线状倒披针形，长5～12毫米，宽1～2毫米，先端锐尖，具针刺，基部渐狭，两面绿色无毛或疏被短柔毛。花冠黄色，旗瓣卵形或宽卵形，先端凹入，中央有土黄色斑点，基部渐狭成瓣柄，长约为瓣片的1/3，翼瓣与旗瓣近等长，瓣柄与瓣片等长，龙骨瓣与旗瓣等长，瓣柄与瓣片略等长。荚果圆筒形，长2.5～3.5厘米，宽3～4毫米，先端尖。花期4～6月，果期6～8月。

产自内蒙古（乌兰察布市）、山西北部、陕西北部、宁夏河东、甘肃东北。

生于黄土丘陵和低山。定边见于西南山区。

豆科 | 锦鸡儿属
荒漠锦鸡儿

别名：枯木要里 洛氏锦鸡儿　　学名：Caragana roborovskyi

落叶灌木，高1～1.5米，多分枝，茎直立，分枝外倾。羽状复叶有小叶3～6对，叶片宽倒卵形或矩圆形，先端锐刺状，基部楔形，叶柄短。叶基部有硬质长刺。花梗单生，每梗有花1～2朵，花冠黄色。荚果圆柱形。花期5月，果期6～7月。

冯地坑梁地柠条林地有散生分布。主根伸长，极耐干旱。种子繁殖。

豆科 | 锦鸡儿属
柠条锦鸡儿

别名：柠条 白柠条 毛条 中间锦鸡儿　　学名：*Caragana korshinskii*

落叶灌木，稀小乔木，高达3米；老枝金黄色，有丝状脱皮。偶数羽状复叶，有小叶6～8对，叶片披针形或窄长圆形，具短刺尖；托叶针刺状。花单生，腋生，花梗密生短柔毛，中上部有关节；花萼管状钟形，萼齿三角形，花冠黄色。荚果较短，长2～3厘米。花期5月下旬，果期6月底。

极耐旱，长城沿线沙地栽植。适应性强，耐干旱瘠薄，是防风固沙和水土保持优良树种，种子直播或育苗移植造林。

豆科 | 锦鸡儿属
秦晋锦鸡儿

别名：普氏锦鸡儿 马柠条　　学名：*Caragana purdomii*

灌木，高1.5～3米；老枝深灰绿色或褐色，嫩枝疏被伏贴柔毛。羽状复叶有5～8对小叶；托叶硬化成针刺，长5～12毫米，开展或反曲；叶轴长2～4厘米，脱落；小叶倒卵形、椭圆形或长圆形，长3～8毫米，宽3～5毫米，先端圆、凹入或锐尖，具刺尖，基部楔形或稍圆，两面疏被柔毛，背面淡绿色。花梗单生或2～4个簇生，长1～2厘米；花萼钟状管形，被短柔毛或近无毛；花冠黄色，长25～28毫米，旗瓣宽倒卵形，瓣柄很短，翼瓣瓣片长圆形，耳距状，龙骨瓣长圆形，先端钝，基部骤狭成与瓣片近等长的瓣柄。荚果长4～5厘米，两端稍扁而尖，无毛。花期5月，果期7～9月。

生于黄土丘陵、阳坡。

优良的水土保持与固沙植物。可作饲料和薪材。

豆科 | 锦鸡儿属
小叶锦鸡儿

别名：黑柠条 小柠条 牛筋条　　学名：*Caragana microphylla*

落叶灌木，高1～2米。枝开展，当年生枝具棱，黄褐色后变黄绿色，无毛。托叶宿存，硬化成针刺，棕黑色。叶轴长1～6厘米，有小叶4～10对，羽状排列，倒卵形或近椭圆形，长0.3～1厘米，先端圆钝、急尖或截形微凹，基部楔形。花单生，个别2簇生，花梗长1～2厘米，密被柔毛，中部以上有关节。花萼钟状，萼齿三角形，花冠黄色。荚果条形，略扁，急尖头，无毛。花期5月，果期6月底。

全县普遍分布，20世纪80年代荒山主要造林树种，直播造林或育苗移植。根柔发达，具根瘤菌。萌蘖性能强，耐平茬。抗风蚀沙埋。

根、花、种子可入药。

豆科 | 锦鸡儿属
红花锦鸡儿

别名：金雀儿　　学名：*Caragana rosea*

灌木，高达1米。老枝绿褐色或灰褐色，小枝细长。假掌状复叶有小叶2对；托叶在长枝上的呈细针刺状，长3～4毫米，宿存，在短枝上的脱落；叶轴呈针刺状；小叶倒卵形，长1～2.5厘米，近革质，先端圆钝或微凹，具刺尖，基部楔形。花单生；花梗长0.8～1.8厘米；花萼管状钟形，常带紫红色，萼齿三角形；花冠淡红或紫红色，长2～2.2厘米，旗瓣长圆状倒卵形，先端凹，基部渐窄成宽瓣柄，翼瓣与旗瓣近等长，瓣柄稍短于瓣片，耳短齿状，龙骨瓣略短于翼瓣；子房无毛。荚果圆筒形，长3～6厘米，无毛。

生于山坡及沟谷。山区水保树种。

豆科 | 苦马豆属
苦马豆

别名：羊卵卵草 羊萝泡 红花土豆子　　学名：*Sphaerophysa salsula*

半灌木或多年生草本，茎直立，具地下横生茎。高0.3～0.6米；枝开展，具纵棱脊。叶轴长5～8.5厘米，上面具沟槽；小叶11～21片，倒卵形至倒卵状长圆形，长5～15毫米，宽3～7毫米，先端微凹至圆，具短尖头，基部圆至宽楔形，下面被细小、白色丁字毛；小叶柄短，被白色细柔毛。总状花序常较叶长，长15～20厘米；花冠初呈鲜红色，后变紫红色。荚果椭圆形至卵圆形，膨胀，长1.7～3.5厘米，先端圆，果瓣膜质，外面疏被白色柔毛；种子肾形至近半圆形，长约2.5毫米，褐色。花期5～8月，果期6～9月。

生于海拔960～3 180米的山坡、草原、荒地、沙滩、戈壁绿洲、沟渠旁及盐池周围，较耐干旱，常见于盐化草甸、强度钙质性灰钙土上。

盐渍化土壤指示植物。植株用作绿肥，也可作骆驼、山羊与绵羊的饲料。全株微毒，可作土农药；全草和种子可入药。

豆科 | 米口袋属
少花米口袋

别名：米口袋　　学名：*Gueldenstaedtia verna*

多年生草本。分茎短，长2~3厘米，具宿存托叶。羽状复叶长2~20厘米；小叶7~19，长圆形或狭披针形，先端钝头或急尖，具细尖，两面被疏柔毛。伞形花序有花2~4；花序梗约与叶等长；苞片长三角形。花萼钟状，被白色疏柔毛，萼齿披针形，上方2齿约与萼筒等长，下方3齿较短小；花冠淡蓝白色，旗瓣瓣片卵形，翼瓣瓣片斜倒卵形，龙骨瓣瓣片倒卵形。荚果长圆筒状，被长柔毛，开裂。种子圆肾形，具浅凹点。花期5月，果期6~7月。

生于山坡、草地、固定沙地和四旁。

可入药，亦可作饲料。

播种繁殖。

豆科 | 苜蓿属
紫苜蓿

别名：紫花苜蓿　　学名：*Medicago sativa*

多年生草本，根系发达，主根粗壮，黄白色。茎直立或匍匐，多分枝，下部灰褐色，上部绿色。羽状复叶，有小叶3，叶片长圆形或倒卵形，顶端钝或微凹，全缘。总状花序，总花梗自上部叶腋伸出，有花5~25朵；花萼钟形，萼齿5；花冠紫色或蓝紫色。荚果旋卷1~3卷，先端具喙。种子小，肾形。花期5~7月，果期7~8月。

优质饲草植物，适应性强，花期营养最好，全县有分布。种子繁殖。

嫩茎叶可食。全草入药。

豆科 | 沙冬青属
沙冬青

别名：小沙冬青　　学名：*Ammopiptanthus mongolicus*

　　常绿灌木，高1～1.5米，树皮黄色。掌状三叶，叶片菱状椭圆形或宽披针形；先端急尖，基部楔形，全缘，两面被柔毛。总状花序顶生，有花8～10朵，花萼钟状，花冠黄色。荚果长圆形，扁平，弯曲，具喙；有种子2～3粒，黄绿色，扁平圆心形。花期4月下旬至5月上旬，果期6月。

　　原产于荒漠区，适应性极强，耐寒、耐高温、耐干旱干燥。我县引进后在干旱草地栽培。种子繁殖。

　　是第三纪荒漠植物区系的残遗种，列为国家三级保护植物。

　　枝、叶可入药。

豆科 | 豌豆属
豌豆

别名：荷兰豆 雪豆 麦豆　　学名：*Pisum sativum*

一年生攀缘草本，无毛。幼茎直立或仰卧。羽状复叶具小叶2～6，小叶片宽椭圆形或卵形；先端圆钝或钝尖，基部楔形；叶轴顶端具羽状分枝卷须；托叶较叶片大，两瓣心形，下缘具细齿。总状花序有花1～3朵，腋生，花萼钟形，花冠白色或浅红色。荚果长圆形，长4～6厘米。种子圆形，青绿色，干后黄褐色或黑褐色。

常见农作物。嫩苗可作蔬菜，嫩荚可煮食，味道鲜美；干果可加工淀粉和杂面。种子繁殖。种子入药。

豆科 | 岩黄芪属
贺兰山岩黄芪

别名：贺兰山岩黄耆　　学名：*Hedysarum petrovii*

多年生草本，高5～15厘米。根粗壮，木质化。茎短缩不明显，长1～2厘米，被贴伏柔毛。叶长4～8厘米；托叶三角状披针形，棕褐色干膜质；小叶7～17；小叶片长卵形或椭圆形，先端圆形，基部圆楔形；叶上面几无毛，似革状；下面密被贴伏白柔毛，叶缘向上微反卷，呈白边状。总状花序腋生，总花梗被贴柔毛开展毛；花序具6～13朵花，紧密组成卵球状或长球状，长2～3厘米，花后期延伸达5厘米；萼钟状，被绢状毛，花冠粉红色，花瓣具醒目红色纹路。荚果2～3节，节荚卵圆形，两侧凸起，具皮刺和密集的柔毛。花期5～6月，果期8～9月。

产自黄河中游黄土区的甘肃中东部、宁夏北部、内蒙古西部和陕西西北部。为草原旱生种，生于砂砾质山坡和干河滩、黄土坡。定边及宁夏盐池山坡广泛分布，典型植被，具有景观开发价值。

本种为良好的牧草，为各种家畜所喜食。

豆科 | 岩黄芪属
塔落岩黄芪

别名：踏郎 羊柴 山花子　　　学名：*Hedysarum fruticosum*

　　落叶小灌木，高100～120厘米。茎皮丝状脱落。羽状复叶叶轴15～25厘米，有小叶9～17，叶片条形，长2～4厘米，宽0.3～0.4厘米；总状花序腋生，有花4～10，萼钟状，花冠粉红色。荚果2～3节，具喙，不开裂。花期7～8月（无限花序），果期8～9月底。

　　广泛分布于流动沙地和半固定沙地，是固沙优良物种。种子繁殖和萌蘖繁殖。根萌能力强，萌蘖密度过大会自行枯死。

　　20世纪90年代为治沙大量飞播造林。

定边植物图鉴

豆科 | 岩黄芪属
细枝岩黄芪

别名：花棒 花秧子 牛尾梢　　学名：*Hedysarum scoparium*

落叶灌木，高2～3米。皮条状剥落，褐色，老枝褐红色，幼枝黄绿色。羽状复叶，有小叶7～11，叶片条状，被柔毛。总状花序腋生，无限花序，花冠淡紫红色。荚果2～3节，卵圆形，不开裂。花期6～9月，果期8～10月。

固沙优良树种。20世纪60年代从武威调入，在长茂滩林场白圈梁工区造林，生长良好。20世纪90年代大量调入种子，在沙区飞播近20万亩，分布广泛。

最新的《Flora of China》中将岩黄芪属改为山竹子属，但考虑到本属在本区仍以旧称所为人熟知，故沿用旧称。

豆科 | 野决明属
披针叶野决明

别名：黄华 披针叶黄华 小苦豆子　　学名：*Thermopsis lanceolata*

多年生草本，被白色柔毛，高30～50厘米。茎直立，从基部丛生，上部分枝。掌状三出复叶，叶片倒披针形，托叶弯线形，基部连合。总状花序基生，矮于茎枝，3～5朵穗生，花黄色。荚果条状矩圆形，扁平，先端具喙，密生柔毛。有种子2～4粒，黄褐色。花期5～6月底，果期8月。

在山滩坡地、草地、路旁、河谷普遍分布，散生。种子繁殖。

全草入药。

豆科 | 野豌豆属
大花野豌豆

别名：三齿萼野豌豆 三齿野豌豆 毛笘子　　学名：*Vicia bungei*

一二年生缠绕或匍匐状草本，高15~40（~50）厘米。茎有棱，多分枝，近无毛，偶数羽状复叶顶端卷须有分枝；小叶3~5对，长圆形或狭倒卵长圆形，长1~2.5厘米，宽0.2~0.8厘米，先端平截微凹，稀齿状，上面叶脉不甚清晰，下面叶脉明显被疏柔毛。总状花序长于叶或与叶轴近等长；具花2~4朵，着生于花序轴顶端，长2~2.5厘米，萼钟形，被疏柔毛，萼齿披针形；花冠红紫色或蓝紫色。荚果扁长圆形，长2.5~3.5厘米。种子2~8粒，球形。花期5~7月，果期6~9月。

生于海拔280~3 800米山坡、谷地、草丛、田边及路旁。

优质牧草。

豆科 | 野豌豆属
广布野豌豆

别名：细叶野豌豆 线叶野豌豆　　学名：Vicia cracca

多年生攀缘草本。茎从基部丛生，直立或互相缠绕攀升。羽状复叶，小叶5～12对互生，线形、长圆形或披针状线形，长1.1～3厘米，宽0.2～0.4厘米，先端锐尖或圆形，具短尖头，基部近圆或近楔形，全缘；有羽状叉生缠绕丝，长达12厘米，总状花序与叶轴近等长，花多数，10～40朵密集一面向着生于总花序轴上部；花萼钟状，萼齿5，近三角状披针形；花冠紫色、蓝紫色或紫红色，长约0.8～1.5厘米。荚果长圆形或长圆菱形，长2～2.5厘米，宽约0.5厘米，先端有喙。种子3～6粒，扁圆球形，种皮黑褐色。花果期5～9月。

生于山区农田和地边草坡。种子繁殖。

优质饲料植物。

豆科｜皂荚属
皂荚

别名：皂角　　学名：*Gleditsia sinensis*

落叶乔木。幼枝暗褐色，老枝灰深绿色。有圆锥状刺，长而硬，分岔。一回羽状复叶互生，有叶片5～7对；先端圆钝，基部圆楔形，叶柄短，全缘，边缘有小锯齿，无毛。总状花序顶生或腋生，花黄白色，萼片4，花瓣4。荚果带状，直或扭弯，果肉软木质。种子黑褐色，光亮。花期6月，果期9～10月。

观赏植物，散植于小区或公园。种子繁殖。

根皮、叶、果实、种子均可入药。

豆科 | 紫穗槐属
紫穗槐

别名：槐树 紫槐 棉槐　　学名：*Amorpha fruticosa*

落叶灌木，茎灰白色，丛生。羽状复叶，有小叶11~25，卵形或椭圆形，先端圆或微凹，有短尖，基部圆形或阔楔形，两面有短柔毛。总状花序圆锥状，密集，生于枝上部，花冠紫色。荚果穗状，小荚果弯曲，棕褐色，先端小尖头，有瘤状腺点，不开裂。花期5月底至6月，果期8~9月。

根系发达，喜平茬，适应性强。在治沙和荒山造林中普遍栽植，分布广。多因不平茬而老化枯败。种子育苗，植苗造林。

枝、叶营养丰富，是优质饲料植物。荚果水浸液可防虫，种子含芳香油，是润滑油、油漆原料。

酢浆草科 | 酢浆草属
酢浆草

别名：三叶草 酸味草 酸醋酱　　**学名**：*Oxalis corniculata*

草本。根茎稍肥厚。茎细弱，直立或匍匐。叶基生，茎生叶互生，小叶3，倒心形，先端凹下，绿色、紫色或绿中带红色。花单生或数朵组成伞形花序状；萼片5，披针形或长圆状披针形，花瓣5，黄色，长圆状倒卵形；雄蕊10，基部合生，长短相间，花柱5。蒴果长圆柱形，5棱。花、果期2～9月。

全国广布。逸生，生于半荫潮湿处。

全草入药。

牻牛儿苗科 | 牻牛儿苗属
牻牛儿苗

别名：太阳花　　学名：*Erodium stephanianum*

一年生或二年生草本。根红黄色。茎平铺地面或斜生，多分枝。叶对生，长圆状三角形，二回羽状深裂，叶柄长。伞形花序腋生，具花2～5朵，花瓣倒卵形，蓝紫色；雄蕊10枚，内5枚有花粉，外5枚退化成鳞片状。蒴果长4～5厘米，顶端长喙不脱落，成熟时5果瓣与中轴分离，喙部自下而上呈螺旋状卷曲。花期5～7月，果期8～9月。

分布于山坡、田间、路旁。种子繁殖。

全草入药。

旱金莲科 | 旱金莲属
旱金莲

别名：金莲花 旱荷花　　学名：*Tropaeolum majus*

一年生草本。肉质根黄白色。茎蔓生或攀缘，肉质。叶互生，圆盾形，叶面深绿色，叶背面灰绿色，被白粉。花单生叶腋，花瓣橘黄色或橘红色。果实成熟时分裂成3个小核果。

为花卉植物，多在庭院、公园作花坛、花径和地被植物，亦可盆栽。种子或扦插繁殖。全草入药。

亚麻科 | 亚麻属
宿根亚麻

别名：野胡麻 山胡麻　　学名：*Linum perenne*

多年生草本，高20～90厘米。根为直根，粗壮，根颈头木质化。茎多数，直立或仰卧，基部木质化，具密集狭条形叶的不育枝。叶互生；叶片狭条形或条状披针形，长8～25毫米，宽8～3毫米，全缘内卷，先端锐尖，基部渐狭，1～3脉。花多数，组成聚伞花序，蓝色、蓝紫色、淡蓝色，直径约2厘米；花梗细长，长1～2.5厘米，直立或稍向一侧弯曲。花柱5，分离，柱头头状。蒴果近球形，直径3～8毫米，草黄色，开裂。种子椭圆形，褐色。花期6～7月，果期8～9月。

生于干旱草原、沙砾质干河滩和干旱的山地阳坡疏灌丛或草地，海拔高度达4 100米。

亚麻科 | 亚麻属
亚麻

别名：胡麻　　学名：*Linum usitatissimum*

一年生草本。高30~80厘米。茎直立，上部多分枝，无毛。单叶互生，无柄，叶片条形至条状披针形，具3脉，顶端锐尖，全缘。花单生于枝顶端或上部叶腋间，萼片5，卵形，宿存；花瓣5，蓝色。蒴果球形，顶端5瓣开裂，果实假隔膜边缘具缘毛，种子10粒，扁平，短圆形。花期6~8月，果期8~9月。

全县亚麻作为主要油料作物种植。种子繁殖。

种子入药。

亚麻科 | 亚麻属
野亚麻

别名：野胡麻　山胡麻　　学名：*Linum stelleroides*

一年生或二年生草本。高30～40厘米。茎直立，基部稍木质，上部多分枝。单叶互生，无柄，叶片线形或线状披针形，顶端锐尖。聚伞花序多分枝，花淡紫色或蓝紫色。蒴果球形或扁球形，顶端突尖，成熟后顶端5开裂，种子扁平。花期6～8月，果期8～9月。

生于山坡、荒地与草坡植物伴生。种子繁殖。

地上部分和种子药用。

白刺科 | 白刺属
白刺

别名：唐古特白刺　　学名：Nitraria tangutorum

灌木，高达2米。多分枝，枝弯曲、先端刺针状，幼枝白色，幼枝之叶2～3簇生，宽倒披针形，长椭圆状匙形，长1.8～3厘米，宽6～8毫米，先端圆钝，稀尖，基部楔形，无毛，全缘，稀先端2～3齿裂。花较密，白色，花瓣及子房无毛。核果卵形，有时椭圆形，长0.8～1.2厘米，径6～9毫米，熟时深红色，果汁玫瑰色；果核窄卵形，长5～6毫米，径3～4毫米，先端短渐尖。花期5～6月，果期7～8月。

习性与用途同小果白刺相同。

小果白刺

白刺科 | 白刺属

别名：西伯利亚白刺　　学名：*Nitraria sibirica*

落叶灌木。茎匍匐，多分枝，枝先端刺状。老枝灰黄色，幼枝灰白色，叶互生或4～6簇生，叶肉质，无柄，倒披针形，先端圆钝或渐尖。聚伞花序顶生于小枝，花多数，小，黄绿色。核果肉质，成熟前圆锥形，成熟锥状卵形，暗红色。花期5～6月，果期7月下旬。

适应性强，耐盐碱、喜沙埋，匍匐枝沙埋后向下生出不定根，向上长出新枝，逐年形成"白刺冢"，当地人称"白刺疙瘩"，高达2米，圆径5米以上，是荒漠地带优势植物。近年来退化严重。

可种子繁殖或分株繁殖。

果实药用。

骆驼蓬科 | 骆驼蓬属
骆驼蒿

别名：细叶骆驼蓬　　学名：*Peganum nigellastrum*

多年生草本，高10～25厘米。根老化木质，有残留基生茎枝桩。茎多分枝，密生短毛。叶互生，近肉质，3～5全裂；裂片针状条形，顶端锐尖，疏生短硬毛；花单生于枝的上端叶腋，花黄白色，萼片5。蒴果近球形，黄褐色，3瓣裂。种子纺锤形，黑褐色，有小疣状突起。花期5～6月，果期7～9月。

极耐干旱，耐寒，分布于长城沿线退化草滩地。种子繁殖。

骆驼蓬科 | 骆驼蓬属
骆驼蓬

别名：臭古朵　　学名：*Peganum harmala*

多年生草本，高20～60厘米。从基部分枝，分枝铺地散生；基部多分枝，茎下部淡褐色，上部红褐色。单叶互生，近肉质，卵形，3～5全裂，裂片条状披针形。花单生，大，黄色。蒴果近球形，褐色，3瓣形，种子三棱形，黑褐色，有小疣状突起。花期5～6月，果期7～9月。

生于荒漠地带干旱草地、绿洲边缘轻盐渍化沙地、土质地山坡或河谷沙丘。本区主要分布在黄土丘陵沟壑区和西部轻盐渍化荒地。

种子可做成染料；全草入药；可作杀虫剂。

蒺藜科 | 蒺藜属
蒺藜

别名：八藜子 刺蒺藜　　学名：Tribulus terrestris

一年生草本。由基部分枝，平卧，淡绿色至淡褐色，长可达1米，全株被绢毛。双数羽状复叶互生，有小叶6～14，对生，矩圆形，顶端钝或锐尖，基部稍偏斜，近圆形，全缘。花单生叶腋，小，黄色；花梗1厘米；花萼5，宿存，花瓣5。果由5个分果瓣聚合组成，弯果瓣具长短棘刺各1对，背面有短硬毛和瘤状突起。花期6～8月，果期7～10月。

广布于全县沙地、荒坡和田间，耐旱、耐瘠薄。种子繁殖。

果实药用，有微毒。

芸香科 | 花椒属
花椒

别名：椒树　　学名：*Zanthoxylum bungeanum*

落叶灌木或小乔木。茎枝有增大的皮刺，全株具香气。单数羽状复叶互生，小叶5～11，对生，近无柄，卵形或卵状矩圆形，先端渐尖，基部宽楔形，边缘有细钝锯齿，齿缝处有透明腺点；总叶柄两侧有扁平基部特宽的皮刺。聚伞状圆锥花序顶生，蓇葖果球形，红色至紫红色，密生疣状突起的腺点。种子黑色，有光泽。花期5～6月，果期8～9月。

山区有零星栽植，喜光耐旱，多生在向阳处；滩区向阳院落有零星栽植，不耐严寒，冬天应有防寒措施。郝滩李寨子村李姓村民院落有3株八年生花椒，高近3米，冠幅3米多，冬天2米以下用土围护，生长、结实正常。

种皮、种子、叶、根药用。

芸香科 | 拟芸香属
北芸香

别名：草芸香　　学名：*Haplophyllum dauri*

多年生宿根旱生草本，株高10～50厘米，地下根茎横径可达2厘米。茎的地下部分颇粗壮，木质，地上部分的茎枝甚多，密集成束状或松散，小枝细长，长10～20厘米，初时被短细毛且散生油点。叶狭披针形至线形，长5～20毫米，宽1～5毫米，两端尖，位于枝下部的叶片较小，通常倒披针形或倒卵形，灰绿色，厚纸质，油点甚多。伞房状聚伞花序，顶生，通常多花，很少为3花的聚伞花序；花瓣5片，黄色。成熟果自顶部开裂，在果柄处分离而脱落，每分果瓣有2种子；种子肾形，褐黑色。花期6～7月，果期8～9月。

生于低海拔山坡、草地或岩石旁。

饲用植物，家畜乐食。

芸香科 | 拟芸香属
针枝芸香

学名：*Haplophyllum dauri*

小亚灌木，高达15厘米。茎基部分枝密集，长针状枯枝宿存。叶厚纸质，短线形或窄椭圆形，长3~9毫米，灰绿或绿色，疏生油腺点，具细小纯齿，叶脉不明显；无叶柄。花单生枝顶。萼片卵形，长不及1毫米；花瓣5，黄色，长圆形，疏生半透明大油腺点；雄蕊较花柱长，心皮4~5。果宿存，顶部开裂，果皮具油腺点，果瓣径约5毫米。种子肾形，种皮具皱纹。花期5~6月，果期7~8月。

见于约1 500米山坡非常干旱的阳坡。

本种与北芸香的区别在于单花顶生，植丛基部具密集宿存的针刺状老枝，心皮常5。

苦木科 | 臭椿属
臭椿

别名：椿树 樗　　学名：*Ailanthus altissima*

落叶乔木。树皮平滑，有纵浅裂纹，嫩枝红褐色，被短柔毛。单数羽状复叶互生，具小叶13～23，对生，叶片披针状卵形，先端锐尖，基部斜截形，全缘，仅基部有1～2对粗锯齿。叶片、细枝揉搓后有臭味。圆锥花序顶生，花多数，杂性，花小，白色带绿。翅果矩圆状椭圆形，褐黄色，含种子1。花期5～6月，果期9～10月。

山滩区均有栽植，山区居多。幼枝主根发达，大树侧根发达，萌蘖力强。种子繁殖或分根。

根皮、叶、果实药用。

远志科 | 远志属
远志

别名：细叶远志　　学名：*Polygala tenuifolia*

多年生草本。根肥厚，圆柱形；茎由基部丛生，直立，被微柔毛。单叶互生，条形或线形，先端锐尖，全缘，无柄。总状花序顶生，高出茎的顶端；花紫色或蓝白色，花萼宿存，花瓣3。蒴果扁平，种子2，密被绢毛。花期6～7月，果期8～9月。

分布于山区沟壑、坡地、田边。种子繁殖。根皮药用。

定边植物图鉴

大戟科 | 蓖麻属
蓖麻

别名：大麻子　　学名：*Ricinus communis*

一年生高大草本。高1米以上，茎直立，中空，分枝，幼嫩茎枝被白粉，绿色。叶互生，盾形，径13～40厘米，掌状中裂或浅裂，裂片卵状披针形至长圆形，边缘具粗锯齿，顶端锐尖，有腺体，叶柄长，绿色。雌雄同株，圆锥花序顶生，雄花生于花序下部，雌花生于花序上部，萼片3～5裂，无花瓣。蒴果圆球形，绿色，具3纵沟和软刺。种子长椭圆形，光滑，具白色斑纹和加厚种阜。花期8月，果期9～10月。

作为油料作物小面积种植。种子繁殖。

种子含油70%，是高级润滑油和工业用油。全株有毒，种子毒性更大。种子、根、叶药用。

大戟科 | 大戟属
地锦草

别名：地锦 铺地锦 见血愁 红丝草　　学名：*Euphorbia humifusa*

一年生草本，根红色。茎纤细，匍匐，近基部分枝，红紫色，无毛。叶对生，矩圆形，长5～8毫米，宽4～6毫米，顶端圆钝，基部偏斜，绿色或淡红色，两面无毛。杯状花序单生叶腋，总苞片淡红色，矩圆形，有白色花瓣状附属物。蒴果三棱状球形，光滑。种子褐色，被白色蜡粉。花期6～9月，果期8～10月。

全县田间、荒地、荒坡普遍分布。种子繁殖。

全草入药。

大戟科 | 大戟属
乳浆大戟

别名：猫儿眼　　学名：*Euphorbia esula*

多年生草本，根棕褐色。茎直立，高15~30厘米，有白色乳汁，茎下部淡紫色。短枝和营养枝上叶密生，条形；长枝和花枝上叶互生，条状披针形。顶端圆钝微凹。多歧聚伞状花序顶生，5伞梗呈伞状，伞梗再2~4回分叉，苞片对生，宽心形，总苞4裂。蒴果球形，无毛。种子常有斑点。花期6~7月，果期8月。

在山区草坡地、原畔和滩区草地广泛分布。种子繁殖。

全草入药。全草有毒。

大戟科 | 大戟属
沙生大戟

别名：青海大戟　　学名：*Euphorbia kozlovii*

多年生草本。根纤细。茎直立，自基部多分枝，高15～21厘米，全株光滑无毛。叶互生，椭圆形至卵状椭圆形，长2～4厘米，宽3～5毫米，先端钝尖，基部楔形或近圆状楔形，全缘；主脉于叶背凸出，侧脉3～5条；无叶柄或近无柄；总苞叶2枚，卵状长三角形，长3～5厘米，宽8～16毫米，先端渐狭，基部耳状，无柄。花序单生于二歧聚伞分枝的顶端，基部具柄；总苞阔钟状，高约3毫米，光滑无毛；边缘5裂，裂片三角状卵形，内侧具柔毛。蒴果球状或卵球状，长4～5毫米；果柄长近5毫米，被短柔毛；成熟时分裂为3个分果。种子卵状，密被不明显的皱脊。花果期5～8月。

生于荒漠沙地。

大戟科 | 地构叶属
地构叶

别名：珍珠透骨草 疣果地构叶　　　学名：*Speranskia tuberculata*

多年生草本，高20～40厘米。全株密生柔毛。茎基部木质化，多分枝。叶互生，长椭圆形至披针形，边缘有粗齿，近无叶柄。总状花序顶生，雌雄同株，雄花在上，雌花在下；雄花萼片5，花瓣白色，雌花花瓣极小，花盘壶状。花柱3，各2深裂，裂片呈羽状撕裂。蒴果扁球形，长约4毫米，直径约6毫米，被柔毛和具瘤状突起；种子卵形，长约2毫米，顶端急尖，灰褐色。花果期5～9月。

生长于滩区草原沙地。种子繁殖。

全草入药。

漆树科 | 黄栌属
黄栌

别名：红叶 红栌　　学名：*Cotinus coggygria*

落叶灌木或小乔木。小枝被蜡粉，树冠圆形。单叶互生，长3～7厘米，宽2.5～5厘米，近圆形至卵圆形，无毛，仅下面叶脉上有短柔毛，侧脉6～11对，顶端分叉；叶柄细长，1.5～4厘米；秋天叶色变黄色至红色。圆锥花序顶生，花小型，杂性，黄色，被柔毛；不孕性花花梗淡紫绿色，呈羽毛状，宿存。核果小，红色，肾形。花期5～6月，果期7～8月。

喜光、耐旱、抗寒、适应性极强，在干旱瘠薄的山地和轻度盐碱地上均能生长。十里沙生态园区引种，生长正常。

枝、叶、根皮入药。

另有栽培变种：紫叶黄栌，叶子紫红色，有金属光泽。

漆树科｜盐肤木属

火炬树

别名：大炬 鹿角漆树　　学名：*Rhus typhina*

落叶小乔木。树皮灰褐色，小枝密生长柔毛。单数羽状复叶互生，有小叶19～23，小叶披针形，先端渐尖，基部楔形，全缘，边缘具细齿，背面被白粉，叶轴被柔毛。雌雄异株，圆锥花序顶生，密生灰绿色柔毛，花小。核果球形，深红色，密毛。花期6～7月，果期9～10月。

原产北美，耐旱耐寒，根蘖力强。20世纪80年代引入曹圈苗圃。近年在园林绿化中常用。种子繁殖或根蘖繁殖。园林绿化树种。

根皮可入药。

卫矛科 | 卫矛属
白杜

别名：丝棉木 桃叶卫矛 明开夜合　　学名：*Euonymus maackii*

落叶小乔木，根黄色。树皮灰绿色。小枝细长，对生。叶卵形至卵状椭圆形，对生，长4~7厘米，宽3~5厘米，先端渐尖，基部楔形，边缘有锯齿；叶柄细长，2~3.5厘米。聚伞花序1~2次分枝，有花3~7朵；花淡绿色，花盘肥大。蒴果黄至粉红色，倒圆锥形，上部四裂，种子淡黄色，有红色假种皮。花期5~6月，果期8~9月（落叶后宿存1月）。

喜光，深根性树种，侧毛根发达，根蘖性强。新安边三里庙村岩畔有次生片状分布。城镇绿化工程引进栽植，生长正常。种子或分根繁殖。

根皮、枝入药。

卫矛科 | 卫矛属
冬青卫矛

别名：大叶黄杨　　学名：*Euonymus japonicus*

　　常绿灌木，高达3米。小枝具4棱。叶对生，革质，倒卵形或椭圆形，长3~5厘米，先端圆钝，基部楔形，具浅细钝齿，侧脉5~7对；叶柄长约1厘米。聚伞花序2~3次分枝，具5~12花；花序梗长2~5厘米。花白绿色；花萼裂片半圆形；花瓣近卵圆形。蒴果近球形，径约8毫米，熟时淡红色。种子每室1，顶生，椭圆形，假种皮橘红色，全包种子。

　　观赏或作绿篱，我国南北各省区均有栽培。园艺变型种类很多，如金边黄杨（var. *aureamarginatus*），银边黄杨（var. *albomarginatus*）等。

　　本区近年来引种，幼苗过冬需保护，大苗过冬尚可。

卫矛科 | 卫矛属
栓翅卫矛

别名：华北卫矛 卫矛　　学名：*Euonymus phellomanus*

落叶灌木，根黄褐色。幼枝灰白色，老枝灰绿色，枝四棱，棱上有长条状木栓质厚翅。叶对生，长椭圆形，长5~8厘米，宽2~5厘米，先端渐尖，基部长楔形，叶缘具锯齿；叶柄长1~1.5厘米。聚伞花序1~2次分枝，花多数，总花梗长1~1.5厘米；花淡绿色，直径约8毫米。蒴果粉红色，倒心形，4浅裂，种子有红色假种皮。花期5~6月，果期8~9月。

绿化工程引入栽植，生长正常。种子或分根繁殖。

木栓翅和枝条入药。

黄杨科 | 黄杨属
朝鲜黄杨

别名：黄杨　　学名：*Buxus sinica* var. *Insularis*

灌木或小乔木，高1～6米；枝圆柱形，有纵棱，灰白色；小枝四棱形。叶革质，阔椭圆形、阔倒卵形、卵状椭圆形或长圆形，大多数长1.5～3.5厘米，宽0.8～2厘米，先端圆或钝，常有小凹口，不尖锐，基部圆或急尖或楔形，叶面光亮，中脉凸出，侧脉明显，全无侧脉，上面被毛。花序腋生，头状，花密集，不育雌蕊有棒状柄，末端膨大；花柱粗扁，柱头倒心形，下延达花柱中部。蒴果近球形，长6～10毫米，宿存花柱长2～3毫米。花期3月，果期5～6月。

朝鲜黄杨是黄杨的变种，叶厚革质，椭圆状长圆形或长圆形，长10～15毫米，宽6～8毫米，叶面侧脉不明或稍分明，不凸出，边缘向下强卷曲。

园林栽培植物，越冬稍差。

槭树科｜槭属
茶条槭

别名：茶条　　学名：*Acer ginnala*

落叶乔木，高5～6米。树皮粗糙、微纵裂，灰色。小枝细瘦，无毛，当年生枝绿色或紫绿色，多年生枝淡黄色或黄褐色。叶纸质，基部圆形、截形或略近于心脏形，叶片长圆卵形或长圆椭圆形，长6～10厘米，宽4～6厘米，常较深的3～5裂；中央裂片锐尖或狭长锐尖，侧裂片通常钝尖，向前伸展，各裂片的边缘均具不整齐的钝尖锯齿，裂片间的凹缺钝尖；叶柄长4～5厘米，细瘦。伞房花序长6厘米，具多数的花；花梗细瘦，长3～5厘米。花杂性，雄花与两性花同株；萼片5，卵形，黄绿色；花瓣5，长圆卵形白色，较长于萼片。果实黄绿色或黄褐色；小坚果嫩时被长柔毛，脉纹显著；翅连同小坚果长2.5～3厘米，张开近于直立或成锐角。花期5月，果期10月。

观赏植物，早年引入栽培于苗圃中，表现良好。

复叶槭

槭树科 | 槭属

别名：糖槭 梣叶槭　　学名：*Acer negundo*

落叶乔木。树皮纵浅裂，黑褐色；小枝褐红色，被蜡粉；当年生幼枝灰白色。奇数羽状复叶，小叶3～7，总叶柄长1～3厘米，卵形至披针状长椭圆形，长5～10厘米，宽3～6厘米，边缘具不整齐锯齿，先端锐尖，基部楔形，小叶叶柄短。花单性，雌雄异株，花黄绿色，先花后叶；雄花呈伞房花序，萼钟状，无花瓣；雌花总状花序，无花瓣和花盘。翅果扁平，翅长与小坚果近相等，小坚果长圆形。花期4～5月，果期8～9月。

喜光树种，耐干旱、抗烟尘，是造林绿化树种。20世纪70年代引入在马莲滩苗圃、曹圈苗圃培育栽植。种子繁殖。

树液含糖。

槭树科｜槭属
五角槭

别名：五角枫 地锦槭 色木　　学名：*Acer pictum*

落叶乔木，高达20米。叶掌状5裂，裂片较宽，先端尾状锐尖，裂片不再分为3裂，叶基部常心形，最下部两裂片不向下开展，但有时可再裂出2小裂片而成7裂。伞房花序顶生。果翅较长，为果核的1.5～2倍。花期4～5月，果期9～10月。

秋叶变橙黄色或红色，优良的园林绿化树种，较耐荫、抗烟尘。20世纪80年代马莲滩苗圃引入。近年来在绿化工程中零星栽植，生长良好。种子繁殖。

槭树科 | 槭属
元宝槭

别名：元宝枫 平基槭 华北五角枫　　学名：*Acer truncatum*

落叶乔木，高达10米。单叶对生，掌状5深裂，长5～12厘米，宽8～12厘米，裂片三角状卵形，有时中裂片或中部3裂片又3裂，叶基部平截，最下部两裂片有时向下开展。幼叶下面脉腋具簇生毛，基脉5，掌状；叶柄长3～13厘米。伞房花序顶生；雄花与两性花同株。萼片5，黄绿色；花瓣5，黄或白色，矩圆状倒卵形；雄蕊8，着生于花盘内缘。小坚果果核扁平，脉纹明显，基部平截或稍圆，翅矩圆形，常与果核近等长，两翅成钝角。花期5月，果期9月。

秋叶变橙黄色或红色，优良的园林绿化树种，较耐荫，抗烟尘。20世纪80年代马莲滩苗圃引入。近年来在绿化工程中零星栽植，生长良好。种子繁殖。

无患子科 | 栾树属
栾树

别名：摇钱树 栾花 灯笼树　　学名：*Koelreuteria paniculata*

落叶乔木。树皮灰白褐色，幼枝暗紫色，有柔毛。单数羽状复叶，有时二回或不完全的二回羽状复叶，互生，叶长20～40厘米，有小叶7～15，无柄或柄极短；小叶卵形、长卵形或卵状披针形，边缘具锯齿。聚伞圆锥花序顶生，长20～45厘米，密被微柔毛，花金黄色，萼片5裂，花瓣4。蒴果肿胀圆锥形，具3棱，顶端锐尖。种子圆形，黑色。花期6～7月，果期9～10月。

为绿化树种，作庭院、公园、小区、道路观赏和引道树。

文冠果

无患子科 | 文冠果属

别名：文官果 木瓜 文官树　　学名：*Xanthoceras sorbifolium*

落叶灌木或小乔木。树皮灰褐色，浅纵裂。老枝褐红色，幼枝红色，嫩枝灰褐色。单数羽状复叶，长15～30厘米，有小叶9～19，披针形或近长卵形，边缘具锐锯齿，顶生小叶通常3深裂；叶脉羽状。总状花序自上年生成的顶芽和侧芽内抽出；花杂性，两性花的花序顶生，雄花序腋生，花瓣5，白色，基部紫红色或黄色。蒴果球形或椭圆形，长4～6厘米，有3棱角，果皮厚而硬，厚木栓；成熟时变黄色，3瓣裂6室，每室有种子3～4粒，球状，黑色有光泽，种脐大。花期5～6月，果期7～8月。

文冠果是黄土高原的乡土树种，喜光，寿命长，自然分布很广，过去因人为采薪破坏，遗存不多。从地名如木瓜沟、木瓜梁、木瓜洼等可见过去分布之广。种子繁殖。曹圈苗圃有近60年的大树，开花结实正常。

为荒山固坡造林和园林观赏树种，是木本油料树种。种子嫩时可生食，也可加工干果；叶可加工茶叶；花可作蔬菜食用。枝叶入药。

凤仙花科｜凤仙花属
凤仙花

别名：指甲花 指甲草　　学名：*Impatiens balsamina*

一年生草本，高40～60厘米。茎粗壮，直立，肉质，圆柱形，粉红色，中上部分枝。单叶互生，披针形，先端渐尖，基部楔形，边缘有腺体。花单生或数朵簇生叶腋，具短柔毛；花大，红色、粉红色、白色或杂色，单瓣，2～3片，翼瓣宽大，2裂，先端凹，有小尖头，背面中肋有龙骨突起，唇瓣基部突然延长成细而内弯的距。蒴果纺形，密生茸毛，熟时弹裂。种子球形，黑色或深褐色。花期7～8月，果期8～9月。

观赏植物，庭院多有栽培，花叶可染指甲。种子繁殖。

全草入药，中药名"突骨草"。

鼠李科 | 鼠李属
柳叶鼠李

别名：鼠李 茶树 黑圪兰　　学名：Rhamnus erythroxylum

　　落叶灌木或小乔木，高2～3.5米。多分枝，幼枝红褐色，无毛，顶端针刺状。叶互生或束生于短枝上，长条形，长4～10厘米，宽0.3～1厘米，先端渐尖，基部楔形，边缘有疏生小锯齿，齿端有小尖头，叶背面中脉明显凸起，叶基部渐窄成叶柄。花单性，黄绿色，10～20朵束生于短枝上；花萼5裂，花瓣5。核果球形，成熟时黑色，通常有2核。种子倒卵圆形，淡褐色，背面有纵沟。花期5～6月，果期8月。

　　在学庄乡山茶树梁和杨井镇孙克崾先有零星散分布。种子繁殖。

　　叶入药。

鼠李科 | 枣属
酸枣

别名：酸枣树　　学名：*Ziziphus jujuba* var. *spinosa*

落叶灌木或小乔木，高1～3米，主干褐红色。枝条"之"字形曲折，分枝基部具刺1对，1枚针形直立，1枚短而向下弯曲。单叶互生，叶柄极短，长椭圆状卵形或卵状披针形，基生三出脉，边缘有钝锯齿。花2～3朵簇生叶腋，黄绿色，花梗短，花萼5裂，花瓣5。核果小，球形，肉质，成熟时暗红褐色，味酸，果核两端钝。花期6～7月，果期9月。

根系发达，适应性强，常萌生成灌木丛。是优良枣品种的嫁接砧木树种。种子繁殖或分株归圃培育。

种子（中药酸枣仁）、树皮和根皮入药。

定边植物图鉴

鼠李科｜枣属

枣

别名：枣 红枣 大枣　　学名：*Ziziphus jujuba*

落叶小乔木，树皮纵状龟裂，灰白色至暗白色，幼枝灰褐色至红褐色。有长枝、短枝和无芽枝（新枝），长枝呈"之"字形曲折；小枝有长尖刺，刺直立或钩状。单叶互生或多个簇生于短枝上，叶卵形或卵状椭圆形，基生三出脉，边缘有圆齿状锯齿。花两性，黄绿色，单生或多个排成聚伞花序，腋生，萼片5，花瓣5。核果矩圆形、圆柱形、圆形或长卵圆形，成熟时红色，后变暗红色，中果皮肉质，肥厚，种子圆锥形。花期6～7月，果期9月。

是北方重要的木本粮食树种、鲜果树种，庭院和房前屋后广有栽培。嫁接繁殖。

果实、树皮、根入药。枣仁为重要中药。

枣树在我县主要栽培品种有：大枣、长枣、梨枣、苹果枣等。

葡萄科 | 地锦属
五叶地锦

别名：地锦 爬山藤 美国地锦　　学名：*Parthenocissus quinquefolia*

落叶木质大藤本。枝条粗壮，多分枝，茎长10米；卷须顶端有吸盘，可附着于楼墙和石壁，向上攀升；幼枝红色，老枝灰褐色。掌状复叶互生，有小叶5，小叶有1～1.5厘米的柄，小叶椭圆形或倒卵状矩圆形，边缘有粗而圆的锯齿，有齿尖；叶面暗绿色，下面有白粉霜。聚伞花序顶生，呈圆锥花序状，花小，黄绿色。果实蓝黑色，有白霜。花期7～8月，果期9～10月。

原产地北美。园林庭院观赏植物。攀缘于墙、岩石和坡面上，叶大而密，春、夏浓绿色，秋季红黄色，极具观赏价值。种子或扦插、压条繁殖。

定边植物图鉴

葡萄科 | 葡萄属
葡萄

别名：全球红　　学名：*Vitis vinifera*

落叶木质大藤本，长可达20米，多分枝。主干树皮暗棕红色，成片状剥落；幼枝绿色或红色，枝蔓具分叉卷须，与叶对生。叶互生，叶片卵圆形，掌状3~5浅裂，边缘有粗齿，多具齿尖；叶柄长3~8厘米。圆锥花序与叶对生，花小，淡黄绿色，花瓣5。浆果多汁，其大小、形状、色泽因品种而异，有圆球形、椭圆状球形、长圆形，熟时有黄绿色、红色、紫红色、黑紫色。种子倒梨形，种阜明显，灰褐色。花期5~6月，果期8~10月。

原产西亚。家户院落多有栽培，近年开始成片栽植，品种多样。既可鲜食，也可酿造。以扦插、压条和嫁接繁殖为主。

果、根、藤均可入药。

锦葵科 | 锦葵属
锦葵

别名：荆葵 钱葵 线干粮　　学名：*Malva cathayensis*

二年生或多年生草本，茎直立，粗壮，上部分枝，疏被粗毛。单叶互生，叶片圆心形，5~7钝圆浅裂，边缘有钝齿，叶柄长4~8厘米。花多数簇生于叶腋，紫红色或淡红色，花萼杯状，5裂，花瓣5。蒴果扁圆形，分果9~11个，肾形，被柔毛。种子肾形，黑褐色。花期6~10月。

栽培观赏植物，地栽和盆栽均可。小区绿化和室内均有种植。种子繁殖。

锦葵科 | 锦葵属
野葵

别名：冬葵　　学名：*Malva verticillata*

二年生草本，高30～60厘米，茎直立，被星状长柔毛。叶互生，肾形或圆形，直径5～11厘米，通常为掌状5～7裂，裂片三角形，边缘具钝齿，两面被毛；叶柄长2～8厘米。花簇生于叶腋；花冠白色至淡红色，花瓣5，先端凹入；花直径1～2厘米。蒴果扁球形；种子肾形，无毛，紫褐色。花果期5～10月。

产自全国各省区。广泛分布于田间及四旁。

全草药用。嫩苗也可供蔬食。

锦葵科｜木槿属
木槿

别名：木棉 荆条　　学名：*Hibiscus syriacus*

落叶灌木，高1～2米，主茎灰白色，幼枝柔韧。叶互生，叶片菱形至三角形，长3～6厘米，宽2～4厘米，常3裂，基部楔形，边缘有不整齐锯齿；叶柄长0.5～1.5厘米。花单生叶腋，小苞片线形，花冠钟形，淡紫红色，直径5～6厘米。蒴果卵圆形，被黄毛，种子肾形，背部被黄白色柔毛。花期6～9月，果期8～10月。

作园林绿化树种，花期长。小区绿化有少量栽培，不耐严寒，冬天要有防护措施。种子繁殖或扦插、压条繁殖。

全株入药。

锦葵科 | 木槿属
野西瓜苗

别名：火炮草 灯笼花 香铃草　　学名：Hibiscus trionum

一年生草本，茎柔软，直立或平卧，多分枝，具白色粗毛，高30～50厘米。下部叶圆形，不分裂，上部叶掌状3～5全裂，裂片倒卵形，羽状分裂；叶柄长2～4厘米。花单生叶腋，花梗延长达4厘米；花萼钟形，淡绿色，裂片5，有紫色条纹；花冠淡黄色，内基部紫色。蒴果短圆状球形，直径1厘米，被粗毛，果瓣5。种子肾形，黑色。花期7～8月，果期9～10月。

分布于荒地和田间。种子繁殖。

全草入药。

锦葵科 | 苘麻属
苘麻

别名：青麻 轻麻 车轮草　　学名：*Abutilon theophrasti*

一年生草本，高60～100厘米，茎直立，上部分枝，被柔毛。单叶互生，圆心形，长5～10厘米，两面密生柔毛，叶顶端锐尖，基部心形，边缘处有节，花萼杯状，五裂；花黄色。心皮15～20，排列成轮状。蒴果半球形，分果片15～20，有粗毛，顶端有长芒，成熟时开裂。种子肾形，褐色。花期7～8月，果期9～10月。

原为栽培品种，房前屋后或路旁有分布。现多为野生，天然落种。种子繁殖。

茎皮纤维白色，可纺织麻袋、搓绳索，也是造纸、纺织材料。种子入药。

锦葵科 | 蜀葵属
蜀葵

别名：一丈红 麻杆花 大出气　　学名：*Alcea rosea*

二年或多年生草本，高1.5~2米，植株被柔毛，茎直立，不分枝或上部小分枝。叶互生，近圆心形，掌状5~7浅裂，边缘有齿。托叶卵形，先端具3尖。花大，单生于叶腋，花萼钟状，5齿裂；花瓣有单瓣，有复瓣；花色有红色、粉色、白色、黄色、紫色、黑紫色等，花瓣倒卵状三角形。蒴果圆盘状，分果扁圆形，成熟时自中轴分离。花期5~9月，果期8~10月。

观赏花卉，在庭院、小区、路旁广泛分布。种子繁殖。

根、种子、花入药。

柽柳科 | 柽柳属
短穗柽柳

学名：*Tamarix laxa*

落叶灌木，高1～3米。基部丛生，上部多分枝，老枝灰色或灰褐色，幼枝灰色或灰红色。叶灰绿色，披针形或卵状长圆形，长1～2毫米，先端渐尖，基部变狭。总状花序侧生在先年老枝上，长约4厘米，径5～8毫米，花稀疏；花瓣数4，淡粉红色。蒴果狭，草质。花春、秋二期，春季花4月，秋季花8～9月。

本地乡土树种，东滩盐碱地广泛分布。

嫩枝、叶、花序药用。

柽柳科 | 柽柳属
多枝柽柳

别名：红柳　　学名：Tamarix ramosissima

落叶灌木，高1~3米。老枝暗灰色或灰褐色，当年生木质化生长枝暗红色或褐红色，长而直伸，营养枝密集。生长枝的叶披针形，半抱茎；营养枝绿色，叶三角心形，先端急尖，抱茎。总状花序春季（5~6月）组成复总状生于先年生枝顶，花序长3~4厘米，夏、秋季7~8月生于当年生枝顶，组成圆锥花序，长2~4厘米，花5数，花瓣粉红色或紫色，果时宿存。蒴果3裂。花期5~9月。

本地乡土树种，北部盐碱滩地广泛分布。

嫩枝、叶、花序药用。

柽柳科 | 柽柳属
甘蒙柽柳

学名：*Tamarix austromongolica*

灌木或乔木，高1.5~5米，树干和老枝栗红色，枝直立；幼枝及嫩枝质硬直伸而不下垂。叶灰蓝绿色，木质化生长枝上基部的叶阔卵形，上部的叶卵状披针形，急尖，先端均呈尖刺状，基部向外鼓胀；绿色嫩枝上的叶长圆形或长圆状披针形，渐尖，基部亦向外鼓胀。春和夏秋均开花；春季开花，总状花序自先年生的木质化的枝上发出，侧生，着花较密，有短总花梗或无梗；夏、秋季开花，总状花序较春季的狭细，组成顶生大型圆锥花序，生当年生幼枝上，多挺直向上；花瓣5，倒卵状长圆形，淡紫红色，顶端向外反折，花后宿存。蒴果长圆锥形。花期5~9月。

乡土树种，生于盐渍化河漫滩及冲积平原、盐碱沙荒地及灌溉盐碱地边。黄土高原及山坡的主要水土保持林和用柴林造林树种。枝条坚韧，为编筐原料，老枝用作农具柄。

柽柳科 | 柽柳属
细穗柽柳

学名：*Tamarix leptostachya*

落叶灌木或小乔木，高1～3米。老枝青灰色或红褐色，当年生木质化生长枝红色或褐红色，小枝和营养枝密集。叶狭卵形，先端急尖。总状花序细长，长4～12厘米，径2～4毫米，总梗长0.5～2厘米，着生于当年生枝顶或侧生，密集形成大型圆锥形花序，花后生长枝停止生长，从下部抽出生长枝。花5朵，密集，花瓣粉红色或粉白色。蒴果细。花期6～7月。

本地乡土树种，滩区红柳林和山区沟畔、地畔有普遍分布。有寿命达数百年的大树，回民归真园和新安边有零星分布。

嫩枝、叶、花序药用。

柽柳科 | 红砂属
红砂

别名：枇杷柴　　学名：*Reaumuria soongarica*

落叶小灌木，多分枝，丛枝状，高10～25厘米。老枝灰红色，幼枝灰白色。叶肉质，圆柱形，上部稍粗，顶端钝，常4～6叶簇生，浅灰绿色。花单生于叶腋，或组成稀疏穗状花序，花无柄，萼钟形5裂，下部一半合生，花瓣5，粉红色或白色。蒴果长椭圆形或纺锤形，3瓣开裂。种子3～4粒，被淡褐色毛。花期7～8月，果期8～9月。

强旱生植物，为最重要的荒漠建群植物之一。主根深，极耐干旱，耐盐碱性强，分布于长城沿线干旱荒漠地和盐湖周围高地。

枝、叶入药。

堇菜科 | 堇菜属
裂叶堇菜

别名：疗毒草　　学名：*Viola dissecta*

多年生草本，无地上茎，植株高度变化大，花期高3～17厘米。根状茎短而垂直。叶基生，圆形或宽卵形，长1.2～9厘米，宽1.5～10厘米，全裂，两侧裂片2深裂，中裂片3深裂，裂片线形、长圆形或窄卵状披针形，全缘或疏生缺刻状钝齿，或近羽状浅裂，小裂片全缘，幼叶两面被白色柔毛，后渐无毛；叶柄长1.5～24厘米。花较大，淡紫或紫堇色；花梗与叶等长或稍高于叶，果期较叶短；萼片卵形或披针形，基部附属物末端平截。蒴果长圆形或椭圆形，无毛。花期4～9月，果期5～10月。

生于高海拔山地阴坡石缝、黄土沟谷阴坡山脚。全草入药。

紫花地丁

堇菜科 | 堇菜属

别名：堇菜　　学名：*Viola philippica*

多年生草本，高10～15厘米，无地上茎，全株被短毛。根状茎短，黄褐色或褐色，节密生，根多数。基生叶莲座状，叶三角状披针形或狭卵状披针形，先端圆钝，基部平截或楔形，具圆齿，两面无毛或被细毛，果期叶长达10厘米；叶柄具狭翅。花腋生，通常2朵，两侧对称，具长梗；萼片5，花瓣5，淡紫色或紫红色，喉部有紫色条纹；向下垂弯。蒴果长圆形，成熟开裂，种子多数，卵球形，淡黄色。花果期4～9月。

分布于山区草坡或田埂路旁。种子繁殖。

全草入药。嫩叶可作野菜食用。

胡颓子科 | 胡颓子属
沙枣

别名：七里香 桂香柳 银柳　　学名：Elaeagnus angustifolia

落叶小乔木，树皮白褐色，有纵裂，幼枝暗红褐色，小叶枝灰白色，被银白色鳞片。单叶互生，条状披针形，全缘，两面初被银白色鳞片，无侧脉，叶柄0.5～0.8厘米，无托叶。花黄色，芳香，1～3朵生于小枝下部叶腋，花萼筒钟形，初密被银白色鳞片，后渐脱落，熟时橙黄色、黄色或红色，果肉粉质。种子纺锤形，有纵槽。花期6月，果期9～10月。

乡土树种。适应能力很强，抗干旱、抗风沙、耐盐碱、耐贫瘠，沙区普遍分布。种子繁殖。

花、果实、皮、叶入药。

胡颓子科 | 沙棘属
沙棘

别名：酸刺 黑刺 醋柳　　学名：Hippophae rhamnoides

落叶灌木，老皮暗褐色，枝灰褐色，具粗壮、长棘刺，幼枝灰白色，具白色鳞片。单叶互生，条形或条状披外形，全缘，长1.5～4厘米，宽2～9毫米，两面初被银白色鳞片，无侧脉，叶柄短，无托叶。短总状花序腋生于头年枝上，雌雄异株，先花后叶；花小，淡黄色。浆果圆球形或卵圆形，橘红色或橘黄色。种子褐色，有光泽，种皮坚硬。花期5月，果期8～10月。

分布广，适应性强，南部山区和北部沙区有天然分布，退耕还林工程实施中普遍栽植，生长良好，根蘖性能强，耐平茬。种子繁殖，近年引进大果沙棘，嫁接繁育。

是水土保持和固沙优良树种，花是蜜源植物，果实可加工饮料，营养丰富，种子榨油，果实药用。

千屈菜科 | 千屈菜属
千屈菜

别名：水枝锦 水柳　　学名：*Lythrum salicaria*

多年生草本。根茎粗壮，横卧于地下。茎直立，多分枝，高可达1米，全株青绿色，稍被粗毛或密被绒毛，枝常4棱。叶对生或3片轮生，披针形或宽披针形，长4~7厘米，宽0.8~1.5厘米，全缘，先端钝或短尖，基部圆或心形，有时稍抱茎，无柄。聚伞花序，簇生，花梗及花序梗甚短，花枝似一大型穗状花序，苞片宽披针形或三角状卵形；萼筒有纵棱12条，稍被粗毛，裂片6，三角形，附属体针状；花瓣6，红紫或淡紫色，有短爪，稍皱缩；雄蕊12，6长6短，伸出萼筒。蒴果扁圆形。

生于河岸、湖畔、溪沟边和潮湿草地。

本种为花卉植物，常栽培于水边或作盆栽供观赏，亦称"水枝锦""水芝锦"或"水柳"。

全草入药。

柳叶菜科 | 月见草属
月见草

别名：山芝麻 夜来香　　学名：*Oenothera biennis*

二年生直立草本，基生莲座叶丛紧贴地面；茎高达2米，被曲柔毛与伸展长毛，在茎枝上端常混生有腺毛。基生叶倒披针形，长10～25厘米，边缘疏生不整齐浅钝齿，两面被曲柔毛与长毛，叶柄长1.5～3厘米；茎生叶椭圆形或倒披针形，长7～20厘米，基部楔形，有稀疏钝齿，两面被曲柔毛与长毛，茎上部的叶下面与叶缘常混生有腺毛，叶柄长不及1.5厘米。穗状花序，不分枝，或在主序下面具次级侧生花序。萼片长圆状披针形，自基部反折，又在中部上翻；花瓣黄色，宽倒卵形。蒴果锥状圆柱形，直立，绿色，具棱。种子在果中呈水平排列，暗褐色，棱形，具棱角和不整齐洼点。

在城北城郊防护林带沙地上有零星分布。

种子含油，具有开发前景。

伞形科 | 阿魏属
硬阿魏

别名：沙椒 花条 沙茴香 野茴香　　学名：*Ferula bungeana*

多年生草本，高达60厘米；植株密被柔毛。茎二至三回分枝。基生叶莲座状，具短柄；叶宽卵形，二至三回羽状全裂，裂片长卵形，羽状深裂，小裂片楔形或倒卵形，长1～3毫米，宽1～2毫米，常3裂成角状齿，密被柔毛，灰蓝色，质厚，宿存。复伞形花序顶生，径4～12厘米，果序长达25厘米，无总苞片或偶有1～3片，锥形；伞辐4～15；伞形花序有5～12花，小总苞片3～5，线状披针形；萼齿卵形；花瓣黄色，椭圆形；花柱基扁圆锥形，边缘宽。果宽椭圆形，背腹扁，长1～1.5厘米，果棱线形，钝状突起。花期5～6月，果期6～7月。

生长于沙丘、沙地、戈壁滩冲沟、旱田、路边以及砾石质山坡上。

根入药。

伞形科 | 柴胡属
红柴胡

别名：细叶柴胡 香柴胡 软柴胡　　学名：*Bupleurum scorzonerifolium*

多年生草本，高达60厘米。主根圆锥形，红褐色；根颈有毛刷状叶鞘状纤维。茎上部多分枝，呈圆锥状"之"字形曲折。叶线形或线状披针形，基生叶下部缢缩成柄，余无柄，长6~16厘米，宽2~7毫米，基部稍抱茎，3~5脉，叶缘白色软骨质。花序多分枝，圆锥花序疏散；伞辐3~8，长1~2厘米，纤细，稍弧曲；总苞片1~3，钻形；伞形花序有花6~15；小总苞片5，窄披针形；花瓣黄色。果宽椭圆形，深褐色，果棱淡褐色。花期7~8月，果期8~9月。

生长于固定沙丘、平坦沙地、草甸、草原和向阳山坡。

本种及2个变型的根均入药，称"红柴胡"。著名药材。

伞形科 | 葛缕子属
田葛缕子

别名：丝叶葛缕子　　学名：Carum buriaticum

多年生草本，高达80厘米。根圆柱形，长达18厘米。茎基部有残留叶鞘纤维。叶三至四回羽裂，小裂片线形，长2～5毫米，宽0.5～1毫米。复伞形花序径4～8厘米；总苞片2～4，线形或线状披针形，伞辐10～15，长2～5厘米；小总苞片5～8，披针形，短于伞形花序，边缘无纤毛；伞形花序有10～30花；萼无齿；花瓣白色。果长卵形，长3～4毫米，宽1.5～2毫米；每棱槽1油管，合生面2油管。花果期5～10月。

生于田边、路旁、河岸、林下及山地草丛中。

伞形科 | 茴香属
茴香

别名：小茴香　　学名：*Foeniculum vulgare*

多年生草本，有浓烈香味，全株无毛，具淡粉霜。茎直立，上部分枝。茎生叶宽三角形，三至四回羽状全裂，最终裂片线状；叶柄部分或者全部成鞘。复伞形花序，直径达15厘米；总花梗长5～20厘米，无总苞片；小花梗8～25，开展；花小，金黄色。果实长圆形，果棱尖锐。花期6月，果期8～9月。

嫩茎、叶作蔬菜或调味品，庭院、菜园有种植。种子繁殖。

全草入药。

伞形科 | 芫荽属
芫荽

别名：香菜　　学名：*Coriandrum sativum*

一年生草本，高10~60厘米，全株无毛，具强烈香气。基生叶一至二回羽状全裂，裂片边缘深裂，叶柄长3~8厘米；茎生叶二至三回羽状深裂，裂片狭条形，全缘。复伞形花序顶生，总花梗长2~8厘米，有花梗4~10；花小，白色或淡紫色。双悬果近球形，果棱销凹起。花果期6~9月。

茎、叶作蔬菜和调味香料普遍种植。种子繁殖。全草入药，中药材名"胡荽"。

山茱萸科 | 山茱萸属
红瑞木

别名：凉子木　　学名：*Cornus alba*

落叶灌木，枝血红色，无毛，幼时被白粉，髓部很宽，白色。叶对生，卵形至椭圆形，长4～9厘米，宽2.5～5厘米，侧脉5～6对；叶先端渐尖，基部楔形，全缘。伞房状聚伞花序顶生；花小，黄白色；花萼坛状，裂片4，尖三角形，花瓣4。核果卵圆形，花柱宿存，成熟时白色或蓝白色。花期5～6月，果期8～9月。

园林绿化观赏植物，杆红、叶绿、果白，色彩艳丽。分株、扦插或种子繁殖。

庭院和绿化工程有栽植。

报春花科 | 点地梅属
大苞点地梅

学名：*Androsace maxima*

一年生草本。莲座状叶丛单生，叶无柄或柄极短；叶草质，窄倒卵形、椭圆形或倒披形，长0.5~1.5厘米，先端锐尖或稍钝，基部渐窄，中上部有小牙齿，两面近无毛或疏被柔毛。花葶高2~7厘米，被白色卷曲柔毛和短腺毛；伞形花序多花；苞片椭圆形或倒卵状长圆形；花梗长1~1.5厘米；花萼杯状，果时增大，分裂达全长2/5，被稀疏柔毛和短腺毛，裂片三角状披针形，渐尖；花冠白或淡红色，裂片长圆形，先端钝圆。蒴果近球形。果期8月。

散生于山谷草地、山坡砾石地、固定沙地及丘间低地。

本区采于羊圈山阳坡。

报春花科 | 海乳草属
海乳草

别名：麻雀舌头 麻雀窝钵子　　　学名：*Glaux maritima*

多年生草本，高3～25厘米，全株无毛，稍肉质。茎直立或下部匍匐。叶对生，有时互生或轮生，近无柄；叶肉质，线形、线状长圆形或近匙形，长0.4～1.5厘米，先端钝或稍尖，基部楔形，全缘。花单生叶腋，具短梗；花萼钟状，白或粉红色，裂片5，倒卵状长圆形，在花蕾中覆瓦状排列；子房卵球形。蒴果卵状球形，长2.5～3毫米，顶端稍尖，略呈喙状，下半部为萼筒所包，上部5裂。种子少数，椭圆形，背面扁平，腹面隆起，褐色。花期6月，果期7～8月。

生于盐化沙地、盐化草甸、沼泽草甸、海边等。

报春花科 | 珍珠菜属
狼尾花

别名：虎尾草 重穗排草　　学名：Lysimachia barystachys

多年生草本，具横走的根茎，全株密被卷曲柔毛。茎直立，高30～80厘米。叶互生，稀近对生，长圆状披针形、倒披针形，长4～10厘米，宽1～2.2厘米，先端钝，基部楔形，近于无柄。总状花序顶生，花密集，常转向一侧；花序轴长4～6厘米，后渐伸长，果时长可达30厘米；花萼分裂近达基部，裂片长圆形；花冠白色，基部合生部分长约2毫米，裂片5或6，裂片舌状狭长圆形，先端钝或微凹，常有暗紫色短腺条。蒴果球形。花期6～7月；果期7～8月。

产自黑龙江、吉林、辽宁、内蒙古、河北、山西、陕西、甘肃、四川、云南、贵州、湖北、河南、安徽、山东、江苏、浙江等省。生于草甸、山坡路旁灌丛间，垂直分布上限可达海拔2 000米。

定边见于白马崾先山区半阴坡、阴坡山沟。

全草药用。

蓝雪科 | 补血草属
二色补血草

别名：矶松 蝇子架　　学名：*Limonium bicolor*

多年生草本，高20～60厘米，无毛。基生叶匙形或倒卵状匙形，长2～7厘米，宽1～2.5厘米，顶端钝具短尖头，基部下延成狭叶柄，疏生腺体，花期基生叶存在。花序为密聚伞花序的圆锥花序，自中部以上数回分枝，有不育小枝，苞片紫红色；花萼漏斗状，具柔毛，裂片5，白色；花瓣黄色，基部合生，顶端深裂。果实具5棱。花期5～7月，果期7～8月。

山滩均有分布，生于山坡、草地、沙地和盐碱地。种子繁殖。

可作观赏植物，栽植于草坪、路旁。全草入药。

蓝雪科 | 补血草属
黄花补血草

别名：金色补血草　　学名：*Limonium aureum*

多年生草本，高10～30厘米，全株无毛。基生叶匙形至倒披针形，长1～4厘米，宽0.5～1厘米，顶端圆钝具短尖头，基部楔形下延为扁平的叶柄。花序圆锥形，分枝呈"之"字形曲折，具不育小枝；萼筒金黄色，花冠橘黄色，基部合生，果包藏于萼内。花期6～8月，果期7～8月。

分布于山滩坡地和草滩盐碱地。种子繁殖。

花萼入药。

木樨科 | 梣属
白蜡

别名：梣 秦皮 小叶白蜡　　学名：*Fraxinus chinensis*

落叶乔木，树皮暗灰白色，纵裂，幼枝淡褐色，有微细短柔毛。奇数羽状复叶，对生，小叶5~7，有短柄，顶端渐尖或尾尖，基部宽楔形，边缘有钝锯齿，两面无毛。圆锥花序侧生或顶生于当年枝条上，雌雄异株。翅果狭矩圆形，顶端钝或微凹。花期5月，果期8~9月。

生长快，树干通直，叶茂冠大，作绿化树种。种子繁殖或扦插繁殖。

广场、小区绿化有栽植。

树皮入药，中药材名"秦皮"。

定边植物图鉴

木樨科 | 丁香属
暴马丁香

别名：暴马子 白丁香 荷花丁香　　学名：*Syringa reticulata*

落叶灌木或乔木。单叶对生，叶卵形或宽卵形，腊质或薄纸质，全缘，先端渐尖，基部宽楔形，叶脉在叶面明显凹入。圆锥花序，大，花冠白色，辐状。蒴果长椭圆形，端部钝或锐尖。花期6月，果期8～9月。

园林绿化树种，栽植于小区或广场。种子繁殖。树皮、树干、茎、枝入药。

木樨科 | 丁香属
小叶丁香

别名：巧玲花 四季丁香　　学名：*Syringa pubescens*

灌木。小枝、花序轴近圆柱形，连同花梗、花萼呈紫色，被微柔毛或短柔毛，稀密被短柔毛或近无毛；叶片卵形、椭圆状卵形至披针形或近圆形、倒卵形，下面疏被或密被短柔毛、柔毛或近无毛；花冠紫红色，盛开时外面呈淡紫红色，内带白色，长0.8~1.7厘米，花冠管近圆柱形；花药紫色或紫黑色。花期5~6月，栽培的每年开花两次，第一次春季，第二次8~9月，故称"四季丁香"，果期7~9月。

生于山坡灌丛或疏林，山谷林下、林缘或河边，山顶草地或石缝间。

优良的观花灌木，各地庭院有栽培。

定边植物图鉴

木樨科 | 丁香属
紫丁香

别名：白丁香 毛紫丁香 华北紫丁香　　学名：*Syringa oblata*

落叶灌木，常萌蘖丛生，枝条灰白色，幼枝红褐色。叶对生，叶片革质或厚纸质，卵圆形，宽大于长，先端锐尖，基部截形或浅心形，边缘有钝锯齿。圆锥花序直立，由侧芽抽生，花冠紫色或紫红色。蒴果压扁状，光滑，二室，顶端尖。种子黄褐色，边缘有翅。花期5月，果期8～9月。

生于山坡丛林、山沟溪边、山谷路旁及滩地水边，海拔300～2 400米。

园林绿化植物，花序大，颜色鲜艳，有观赏价值。广泛栽植于小区、广场和绿化带。分株、压条、扦插、播种繁殖。

白马崾先、胡尖山有大面积天然分布，有近百年大株。

吸收二氧化硫能力强，能净化环境；果实入药。

变种：白丁香（*Syringa oblata* var. *alba*）花白色；叶片较小，基部通常为截形、圆楔形至近圆形，或近心形。花期4～5月。

木樨科 | 连翘属
连翘

别名：毛连翘　　学名：*Forsythia suspensa*

落叶灌木。茎直立，髓中空，主干灰褐色，有棱；幼枝红褐色，枝条细长下垂。叶通常为单叶，或3裂至三出复叶；叶对生，卵形或椭圆状卵形，无毛，先端渐尖，基部狭楔形，叶缘除基部外具锐锯齿或粗锯齿。先花后叶，花黄色，腋生。蒴果卵球形，2室，表面散生瘤点。花期4月，果期6月。

园林绿化植物，小区、广场、绿化带多有栽植。喜光耐阴。扦插、分株、压条、播种均繁殖。

果实入药。

木樨科 | 女贞属
水蜡树

别名：水蜡 辽东水蜡树　　学名：Ligustrum obtusifolium

落叶灌木，直立，多分枝，老枝灰绿色，具疏柔毛，幼枝灰褐色，有短柔毛。叶对生，纸质，椭圆形至矩圆形，长3～5厘米，顶端钝或有小尖头，基部宽楔形，下面有短柔毛，沿中脉明显。圆锥花序生于幼枝顶，常下垂，有短柔毛。有核果多数，宽椭圆形，成熟时黑色。

园林观赏植物。种子繁殖。

多在小区、公园、广场作绿篱或丛植。

木樨科 | 雪柳属
雪柳

别名：五谷柳　　学名：*Fontanesia philliraeoides*

落叶灌木或小乔木，枝灰白色，小枝淡黄色或淡绿色，四棱形或具棱角，无毛。叶对生，披针形或卵状披针形，长3～12厘米，全缘，顶端渐尖，基部楔形，无毛。圆锥花序生于当年枝，顶生或腋生，顶生花序长于腋生花序；花白色或淡红白色，有香味；花萼微小，4裂，花瓣4。果实宽椭圆形，扁平，长8～9毫米，宽4～5毫米，周围有狭翅。花期5～6月，果期7～9月。

作园林绿化树种，供观赏。播种、扦插繁殖。

长城林场在20世纪60年代初引进，栽植于院内，生长良好。

定边植物图鉴

马钱科 | 醉鱼草属
互叶醉鱼草

别名：白芨梢　　学名：*Buddleja alternifolia*

灌木，枝开展，由基部多分枝，细弱，多呈弧状弯垂，老枝褐黄色。叶互生，披针形，长4～6厘米，全缘，顶端圆钝或短尖，基部楔形，上面暗绿色，下面密被灰白色绒毛，叶柄很短，花序为簇生状圆锥花序，球形或矩圆形，生于上半枝条的叶腋，基部具少数小叶；花芳香，花萼密被灰色绒毛，花冠蓝紫色，花冠筒长7毫米，宽1毫米。蒴果矩圆形，光滑。种子多数，有短翅。花期5～6月，果期10月。

分布于西南山区路旁、沟坡。种子繁殖。可作观赏植物栽培，花开繁多、密集、美观、芳香，可提取芳香油，叶、花可杀虫。

龙胆科 | 肋柱花属
辐状肋柱花

别名：肋柱花　　学名：*Lomatogonium rotatum*

一年生草本，高30~40厘米，茎不分枝或基部少分枝，四棱形。叶窄长披针形、披针形或线形，长达4.3厘米，先端尖，基部楔形，半抱茎；无柄。复总状聚伞花序顶生和腋生，花5数，花冠淡蓝色，具深色脉纹，具长花梗；花萼5，深裂，裂片椭圆状披针形，与花冠近等长。蒴果椭圆形；种子小，多数，近球形。花果期8~10月。

分布于南部山区坡地和沟崂，典型植被，种子繁殖。

为初秋蜜源植物。

龙胆科 | 龙胆属
达乌里秦艽

别名：达乌里龙胆　　学名：Gentiana dahurica

多年生草本，高15～25厘米，基部为历年列叶包裹。根长圆锥形，暗褐色；茎丛生，斜升，基生叶成丛，莲座状，长条形，长10～15厘米，宽1～1.5厘米；茎生叶，对生，披针形或长条形。聚伞花序顶生和腋生，有花1～3，花序梗长达5.5厘米。花梗长达3厘米；长萼筒状，花冠筒状钟形，深蓝色，有时喉部具黄色斑点。蒴果矩圆形，种子椭圆形，花果期7～9月。

分布于山区坡地、沟崖。种子繁殖。

根入药，代"秦艽"。

龙胆科 | 龙胆属
鳞叶龙胆

别名：石龙胆 小龙胆　　学名：*Gentiana squarrosa*

一年生矮小草本，高达8厘米。茎密被黄绿色或杂有紫色乳突，基部多分枝，枝铺散，斜升。叶缘厚软骨质，密被乳突，叶柄白色膜质，边缘被短睫毛；基生叶卵形、宽卵形或卵状椭圆形，长0.6~1厘米；茎生叶倒卵状匙形或匙形，长4~7毫米。花单生枝顶。花梗长2~8毫米；花萼倒锥状筒形，被细乳突；花冠蓝色，筒状漏斗形，长0.7~1厘米。蒴果倒卵状长圆形，顶端具宽翅，两侧具窄翅。种子具亮白色细网纹。花果期4~9月。

生于山坡、山谷、山顶、干草原、河滩、荒地、路边、灌丛中及高山草甸。本区见于羊圈山、胡尖山。

龙胆科 | 龙胆属
秦艽

别名：秦胶　大叶龙胆　左秦艽　西秦艽　　　学名：*Gentiana macrophylla*

多年生草本，高达60厘米。枝少数丛生。莲座丛叶卵状椭圆形或窄椭圆形，长6～28厘米，叶柄宽，长3～5厘米；茎生叶椭圆状披针形或窄椭圆形，长4.5～15厘米，无叶柄或柄长达4厘米。花簇生枝顶（有时呈"一"字形）或轮状腋生；花无梗形，萼筒黄绿或带紫色，一侧开裂，锥形；花冠筒黄绿色，冠檐蓝或蓝紫色，壶形，长1.8～2厘米，裂片卵形或卵圆形，褶整齐，三角形，平截。蒴果内藏或顶端外露，卵状椭圆形，长1.5～1.7厘米。种子具细网纹。花果期7～10月。

生于河滩、路旁、水沟边、山坡草地、草甸、林下及林缘，海拔400～2 400米。本区山区广布。

根入药，中药材"秦艽"。

萝藦科 | 鹅绒藤属
地梢瓜

别名：蒿瓜瓜 地梢花　　学名：*Cynanchum thesioides*

直立半灌木或多年生草本，地下茎横生，橘黄色，地上茎单生或2～3个丛生，深绿色。叶对生或近对生，条形，长3～5厘米，宽2～5毫米，下面中脉突现。伞形聚伞花序腋生；花冠绿白色，辐状，5裂，花萼5深裂，外面被柔毛。蓇葖果纺锤形，长4～6厘米，直径2厘米。种子扁平，暗褐色，顶端有2厘米长的白绢质种毛。花期5～8月，果期8～9月。

广泛分布于全县农田、草滩和坡地。种子繁殖或地茎繁殖。

幼果可食用，不宜多食。全草入药。

变种：雀瓢（*Cynanchum thesioides* var. *australe*）

多年生蔓生草本，根茎横生，橘黄色，地上茎单一，缠绕蔓生，纤细柔弱。广泛分布于全县农田、草滩和坡地。种子繁殖。

幼果可食，不宜多。全草入药。

萝藦科｜鹅绒藤属
鹅绒藤

别名：牛皮消 老牛筋　　学名：*Cynanchum chinense*

多年生缠绕草本，主根圆柱状，黄白色，全株被短柔毛。茎有乳汁。叶对生，宽三角状心形，全缘，先端锐尖，基部心形，叶柄8～10厘米，叶面深绿色，背面灰绿色，被微毛。聚伞花序腋生，有花5～8，花萼5深裂，裂片披针形或狭三角形，花冠白色，辐状，裂片5。蓇葖果二个叉生或一个单生，细圆柱状，长11厘米，直径5毫米。种子长圆形，顶端具白色种毛。花期6～8月，果期8～9月。

广泛分布于灌丛、篱笆墙和草滩、草坡地。种子繁殖。

根及乳汁入药。

华北白前

萝藦科 | 鹅绒藤属

别名：老瓜头 老鸹头 牛心朴子 侧花徐长卿

学名：*Cynanchum mongolicum*

多年生直立草本，高30~45厘米。根须状，密集；茎不分裂，或从根部生出几枝，无毛。叶对生，纸质，披针形至条形，全缘，先端锐尖，基部狭楔形，侧脉不明显。圆锥状聚伞花序生于顶生的叶腋内，有花多数，花冠黄绿色，近辐状。蓇葖果单生，刺刀形。种子近圆形，顶端具白色种毛。花期6~7月，果期9~10月。

广泛分布于滩区草滩、沙地和田埂路旁，山区坡地。种子繁殖。

全草入药。

原来本区广布的牛心朴子（*Cynanchum hancockianum*）在《Flora of China》已归为华北白前，区别为：牛心朴子叶狭尖椭圆形或狭披针形，基部楔形，革质，茎叶无毛。华北白前，叶为卵圆形或披针形，薄纸质，幼茎和叶常被短柔毛。

萝藦科 | 杠柳属
杠柳

别名：羊角蔓　北五加皮　羊奶子　　学名：*Periploca sepium*

　　落叶蔓状灌木，老枝灰白色，幼枝红褐色，具乳汁，除花外全株无毛。叶对生，披针形至长圆状披针形，先端渐尖，基部楔形，全缘，有叶柄，叶面深绿色，叶背淡绿，叶脉明显，侧脉多数。聚伞花序腋生，有花数朵；花冠紫红色，花冠裂片5。蓇葖果双生，叉开，长约10厘米，径约5毫米。种子矩圆形，顶端具白色种毛。花期6～7月，果熟期8～9月。

　　广泛分布于沙质土地，长茂滩、余东圪、杨寨子有大片生长，萌蘖能力极强。种子、压条、插条、分蘖均可繁殖。

　　根皮、茎皮入药。

旋花科 | 打碗花属
打碗花

别名：小旋花 兔耳草　　学名：*Calystegia hederacea*

一年生草本，全株无毛。茎蔓生，缠绕或匍匐，多分枝。叶互生，具长柄，基部叶椭圆形，全缘，基部心形；茎上部三角状戟形，侧裂片开展，通常2裂，中裂片披针形或卵状三角形，顶端钝尖，基部心形。花单生叶腋，花萼为2个大的叶状苞片包围；萼片5，短于苞片；花冠漏斗状，粉红色。蒴果卵圆形，光滑。种子黑褐色，表面有疣点。花期5~8月，果期7~9月。

分布于田间、路旁和草丛中，是常见杂草。种子繁殖。

全草入药。

定边植物图鉴

旋花科 | 番薯属
圆叶牵牛

别名：喇叭花　　学名：*Ipomoea purpurea*

一年生缠绕草本，全株被柔毛。茎细长，缠绕，多分枝。叶互生，圆心形，掌状脉，顶端尖，基部心形；具长叶柄。花腋生，常单一或2~5朵着生于花序梗顶端；花冠漏斗状，紫红色、红色或白色，顶端5浅裂，萼片5。蒴果球形，果皮薄膜质，有种子5~6个。种子卵状三棱形，黑褐色或黄色。花果期6~10月。

作观赏花卉，庭院多有栽培，也有逸为野生的。种子繁殖。

种子有毒。

旋花科 | 旋花属
田 旋 花

别名：箭叶旋花 中国旋花　　学名：*Convolvulus arvensis*

多年生草本，根状茎横生，白色。茎平卧，蔓性或缠绕，有条纹或棱角，上部有疏生柔毛。叶互生，戟形，长2.5~5厘米，宽1~2.5厘米，全缘或3浅裂，侧裂片展开，微尖；中裂片长卵状椭圆形或狭三角形，叶柄长1~2厘米。花序腋生，有花1~3，花冠漏斗状，粉红色，顶端5浅裂；花萼不为苞片包围，苞片小，条形，远离花萼。蒴果圆球形，有种子4，黑褐色。花期6~8月，果期7~9月。

广泛分布于田间，是田间杂草，萌蘖能力强，也可种子繁殖。

全草入药。

定边植物图鉴

旋花科 | 旋花属
银灰旋花

别名：小旋花 阿氏旋花　　学名：*Convolvulus ammannii*

多年生矮小草本。根状茎短，木质化，高2~10厘米，平卧或上升，枝和叶密被贴生银灰色绢毛。叶互生，线形或狭披针形，长1~2厘米，宽1~4毫米，先端锐尖，基部狭，无柄。花单生枝端，具细花梗；萼片5，密被贴生银色毛；花冠小，漏斗状，长9~15毫米，淡玫瑰色或白色带紫色条纹，有毛，5浅裂。蒴果球形，2裂。种子2~3枚，卵圆形，光滑，具喙，淡褐红色。

生于干旱山坡、长城脚下、草地、荒滩、戈壁或路旁。

固沙保土植物。全草入药。

菟丝子科｜菟丝子属
菟丝子

别名：无根草 黄丝　　学名：*Cuscuta chinensis*

一年生寄生草本，茎黄色，纤细，缠绕，无叶。花多数于茎侧簇生成小团伞花序，花梗粗壮；有2苞片和小苞片；花萼杯状，5裂；花冠白色，钟状，长为花萼2倍，顶端5裂，裂片向外反曲，宿存。蒴果球形，黄色，成熟时被花冠全包，盖裂。有种子2～4，淡褐色，表面粗糙，长约1毫米。花期7～8月，果期8～9月。

广泛分布于山滩区草坡、草滩、沟崂，常寄生于豆科、菊科、蒺藜科植物上。茎节处有吸根，附生于寄主植物上，吸取养分。种子繁殖。

种子入药。

定边植物图鉴

紫草科 | 斑种草属
狭苞斑种草

别名：顾氏斑种草　　学名：*Bothriospermum kusnezowii*

一年生或二年生草本。茎常数条，直立或外倾，被开展糙硬毛及短伏毛，下部分枝。基生叶倒披针形或匙形，长4～7厘米，先端钝，基部渐窄，边缘波状，两面被毛；茎生叶窄椭圆形或线状倒披针形，无柄。聚伞花序果期总状，长5～10厘米；花萼裂至近基部，两面被毛；花冠钟状，淡蓝或蓝紫色，长约4毫米，裂片近圆形，具脉，喉部附属物梯形，先端微2裂。小坚果椭圆形，腹面稍内弯，环状突起近圆形。花果期6～7月。

生于山坡、草地、沙荒地、道旁、干旱农田及山谷林缘。

紫草科 | 鹤虱属
鹤虱

别名：驴然然 赖毛子　　学名：*Lappula myosotis*

一年生或二年生草本。全株密被白色短糙毛。茎直立，高30～60厘米，中部以上多分枝。基生叶长圆状匙形，全缘，先端钝，基部渐狭成长柄，长达7厘米，宽3～9毫米；茎生叶较短而狭，披针形或线形，先端尖，基部渐狭，无叶柄。花序在花期短，果期伸长，长10～17厘米；花萼5深裂，几达基部，裂片线形，急尖，有毛；花冠淡蓝色，漏斗状至钟状，裂片长圆状卵形，喉部附属物梯形。小坚果卵状，背面狭卵形或长圆状披针形，通常疣突边缘有2行近等长的锚状刺，内行刺长1.5～2毫米，基部不连合，外行刺较内行刺稍短或近等长，通常直立。花果期6～9月。

生于草地、山坡草地等常见杂草处。种子附着在羊绒上，影响品质。

紫草科 | 琉璃草属
大果琉璃草

别名：展枝倒提壶 大赖毛子　　学名：Cynoglossum divaricatum

多年生草本，高25～100厘米，具红褐色粗壮直根。茎直立，中空，具肋棱，由上部分枝，分枝开展。基生叶和茎下部叶长圆状披针形或披针形，长7～15厘米，宽2～4厘米，先端钝或渐尖，基部渐狭成柄，灰绿色，上、下面均密生贴伏的短柔毛；茎中部及上部叶无柄，狭披针形，被灰色短柔毛。花序顶生及腋生，长约10厘米，花稀疏，集为疏松的圆锥状花序；花梗细弱，花后伸长，下弯，密被贴伏柔毛；花冠蓝紫色，长约3毫米，裂片卵圆形，喉部有5个梯形附属物。小坚果卵形，密生锚状刺。花期6～7月，果实8月成熟。

生于山坡、草地、沙丘、石滩及路边。

根入药。

紫草科 | 紫丹属
砂引草

别名：烟袋锅花 紫丹草　　学名：*Tournefortia sibirica*

多年生草本，高10～30厘米，有细长的根状茎。全株密生糙伏毛或白色长柔毛。茎单一或数条丛生，直立或斜升，通常分枝。叶披针形、倒披针形或长圆形，长1～5厘米，宽6～10毫米，先端渐尖或钝，基部楔形或圆，中脉明显，上面凹陷，下面突起，侧脉不明显，无柄或近无柄。花序顶生，直径1.5～4厘米；萼片披针形；花冠白色或淡黄色，钟状，长1～1.3厘米，裂片卵形或长圆形，外弯，花冠筒较裂片长，外面密生向上的糙伏毛。核果椭圆形或卵球形，粗糙，密生伏毛，先端凹陷，核具纵肋。花期5月，果实7月成熟。

生于沙地、盐渍化沙地、干旱荒漠及山坡道旁。

优良固沙植物。花可提取香料。

紫草科 | 紫筒草属
紫筒草

别名：紫根根　白毛草　伏地蜈蚣草　　学名：*Stenosolenium saxatile*

多年生草本；根细锥形，根皮紫褐色。茎通常数条，直立或斜升，高8～25厘米，不分枝或上部有少数分枝，密生开展的长硬毛和短伏毛。基生叶和下部叶匙状线形或倒披针状线形，长1.5～4.5厘米，宽3～8毫米，两面密生硬毛，先端钝或微钝，无柄。花序顶生，逐渐延长，密生硬毛；苞片叶状。花冠蓝紫色，紫色或白色，长1～1.4厘米，花冠筒细，明显较檐部长，裂片开展。小坚果的短柄长约0.5毫米，着生面居短柄的底面。花果期5～9月。

生于低山、丘陵及平原地区的草地、路旁、田边等处。本区见于白于山区阳坡。

全草药用。

马鞭草科 | 莸属
蒙古莸

别名：叉枝莸　　学名：*Caryopteris mongholica*

落叶小灌木，常自基部即分枝，高0.3～1.5米；嫩枝紫褐色，圆柱形，有毛，老枝毛渐脱落。叶片厚纸质，线状披针形或线状长圆形，全缘，长0.8～4厘米，宽2～7毫米，表面深绿色，稍被细毛，背面密生灰白色绒毛。聚伞花序腋生，无苞片和小苞片；花萼钟状，外面密生灰白色绒毛，深5裂；花冠蓝紫色，长约1厘米，外面被短毛，5裂，下唇中裂片较长、大。蒴果椭圆状球形，无毛，果瓣具翅。花果期8～10月。

国家三级保护植物。

生于干旱坡地，沙丘荒野及干旱碱质土壤上。

全草入药。花和叶可提芳香油，又可为庭院栽培供观赏。

另有园林用栽培品种：

金叶莸（*Caryopteris × clandonensis* 'Worcester Gold'）与蒙古莸极相似，区别在于金叶莸叶为黄绿色。现多以园林绿化栽植于小区、公园和绿化带。花大型、密集、美观，供观赏。

马鞭草科 | 马鞭草属
柳叶马鞭草

别名：南美马鞭草 长茎马鞭草　　学名：*Verbena bonariensis*

多年生草本，茎为正方形，直立、细长，全株有纤毛，高100~150厘米。基生叶为柳叶形，暗绿色。茎生叶十字对生，初期叶为椭圆形边缘略有缺刻，花茎抽高后的叶转为细长型如柳叶状边缘仍有尖缺刻。聚伞花序，顶生，花微小，蓝紫色，冠径60厘米，小筒状花着生于花茎顶部，紫红色或淡紫色。花期5~9月。

观赏植物，在园林景观花海布置中广泛应用。

唇形科 | 脓疮草属
脓疮草

别名：白龙串菜 野芝麻　　学名：*Panzerina lanata*

多年生草本，高20～40厘米。根粗大，木质化。茎自基部多分枝，基部近木质，四棱形，密被白色棉状绒毛或短绒毛。基生叶早枯；茎生叶掌状5裂，裂片深达基部，狭楔形，小裂片线状披针形，叶及叶柄表面密被白色紧密的绒毛。轮伞花序腋生，在茎枝顶端簇生组成穗状花序；小苞片钻形，先端刺状。花萼管状钟形，外面密被绒毛，5齿，2长3短；花冠淡黄色或白色，外面密被丝状长柔毛，冠檐二唇形，上唇直伸，盔状，下唇3裂，先端外弯，中裂片较大，心形。小坚果卵圆状三棱形，具疣点。花期7～9月，果期9～10月。

生于毛乌素沙地、腾格里沙漠。国家三级保护植物。

固沙植物。全草药用。

唇形科 | 糙苏属
串铃草

别名：野洋芋 蒙古糙苏　　学名：Phlomis mongolica

多年生草本；高40～70厘米。根木质，粗厚，须根常作圆形、长圆形或纺锤的块根状增粗。茎不分枝或具少数分枝，被毛。基生叶卵状三角形至三角状披针形，长4～13厘米，宽2～7厘米，先端钝，基部心形，边缘为圆齿状；茎生叶同形，较小，苞叶三角形或卵状披针形，向上渐变小，叶片均上面橄榄绿色。轮伞花序多花密集，多数，彼此分离；苞片线状钻形，与萼等长，坚硬，上弯，先端刺状，被平展具节缘毛；花萼管状，外面脉上被平展具节刚毛，齿圆形，先端微凹，先端具刺尖；花冠紫色，冠檐二唇形，上唇外面被星状短柔毛，背部被具节长柔毛，自内面被髯毛，下唇3圆裂。小坚果顶端被毛。花期5～9月，果期在7～9月。

生于山坡沟谷草地。

有毒，根可入药。可开发为园林景观植物。

唇形科 | 百里香属
百里香

别名：千里香 地角花　　学名：*Thymus mongolicus*

茎多数，匍匐至上升营养枝被短柔毛；花枝长达10厘米，上部密被倒向或稍平展柔毛，下部毛稀疏，具2～4对叶。叶卵形，长0.4～1厘米，宽2～4.5毫米，先端钝或稍尖，基部楔形，全缘或疏生细齿，两面无毛，被腺点。花序头状；花萼管状钟形或窄钟形，长4～4.5毫米，下部被柔毛，上部近无毛，上唇齿长不及唇片1/3，三角形，下唇较上唇长或近等长；花冠紫红、紫或粉红色，长6.5～8毫米，疏被短柔毛，冠筒长4～5毫米，向上稍增大。小坚果近球形或卵球形，稍扁。花期7～8月。

生于黄土丘陵、沙区硬梁地、石质山坡、山谷、河岸砾石地、固定沙地。本区山区代表植物，常与长芒草、蒿类、委陵菜类形成地带群落。

芳香植物。全草药用。抗旱、耐践踏，是优良的水保植物。羊的优良牧草，可提升羊肉品质，同时是本地区炖羊肉的重要调料。

定边植物图鉴

唇形科 | 百里香属
地椒

别名：白花地椒 地椒椒　　学名：**Thymus quinquecostatus**

短小灌木，茎匍匐。老枝褐色，幼枝淡绿色，根横生。茎从基部丛生铺展，茎节生不定根。叶对生，全缘，长卵圆形。头状花序顶生，花多数，花萼管状钟形，花冠白色，上唇直伸，微凹，下唇3裂，中裂片较长。小坚果近圆形，压扁状，光滑。花期6～8月，果期9～10月。

山区沟畔、坡地有小范围分布。多与红花地椒相间生长，占比很小。种子繁殖或移栽。

羊的优良牧草，可提升羊肉品质，同时是本地区炖羊肉的重要调料。芳香植物，可提取芳香油。全株药用。

唇形科｜地笋属
地笋

别名：洋得溜儿 地瓜儿苗　　学名：*Lycopus lucidus*

多年生草本，高60～170厘米；根茎横走，具节，节上密生须根，先端肥大呈圆柱形，多节。茎直立，通常不分枝，四棱形，具槽，绿色，常于节上带紫红色，无毛。叶近无柄，长圆状披针形，长4～8厘米，宽1.2～2.5厘米，先端渐尖，基部渐狭，边缘具锐尖粗牙齿状锯齿，两面均无毛。轮伞花序无梗，多花密集；小苞片卵圆形至披针形，先端刺尖。花萼钟形，萼齿5；花冠白色，内面在喉部具白色短柔毛，冠檐不明显二唇形，上唇近圆形，下唇3裂，中裂片较大。小坚果倒卵圆状四边形，褐色，背面平，腹面具棱。花期6～9月，果期8～11月。

生于沼泽地、水边、沟边等潮湿处。本区野生或栽培。

地下块茎作蔬菜。全草药用。

唇形科 | 青兰属
白花枝子花

别名：蜜罐罐　　学名：*Dracocephalum heterophyllum*

多年生草本，具木质根茎。茎在中部以下具长的分枝，高10～15厘米，四棱形，密被倒向的小毛。茎下部叶宽卵形至长卵形，长1.3～4厘米，宽0.8～2.3厘米，先端钝或圆形，基部心形，边缘被短睫毛及浅圆齿；茎中部叶与基生叶同形，边缘具浅圆齿或尖锯齿；茎上部叶变小，锯齿常具刺而与苞片相似。轮伞花序生于茎上部叶腋，具4～8花，因上部节间变短而花又长过节间，各轮花密集；苞片倒卵状匙形或倒披针形，边缘具小齿，齿具长刺。花萼浅绿色，三角状卵形。花冠白色，长2～3.5厘米，外面密被白色或淡黄色短柔毛，二唇近等长。花期6～8月。

生于山地草原、沙化草原及半荒漠的多石干燥地区，分布于黄土丘陵沟壑区。

蜜源植物。全草入药。

唇形科 | 青兰属
香青兰

别名：炒面花 山薄荷　　学名：*Dracocephalum moldavica*

一年生草本，高达20～40厘米。茎直立，密被倒向柔毛，常带紫色。基生叶草质，卵状三角形，先端钝圆，基部心形，疏生圆齿；上部叶披针形或线状披针形，长1.4～4厘米，先端钝，基部圆或宽楔形，叶两面仅脉疏被柔毛及黄色腺点，具三角形牙齿或稀疏锯齿，先端具长刺；叶柄与叶等长，向上较短。轮伞花序具4花，疏散，生于茎或分枝上部；苞片长圆形，具2～3对细齿，齿刺长2.5～3.5毫米；花萼被黄色腺点及短柔毛，脉带紫色；唇形花冠淡蓝紫色，长1.5～3厘米，被白色短柔毛；上唇舟状，下唇中裂片具深紫色斑点。小坚果长圆形，顶端平截。

生于干燥山地、山谷、河滩多石处。本区分布于黄土丘陵沟壑区。

全株含芳香油，可作芳香植物或园林景观植物。全草药用。

唇形科 | 兔唇花属
冬青叶兔唇花

别名：兔唇花　　学名：*Lagochilus ilicifolius*

半灌木，多年生植物；根和茎基部木质化，基部分枝，密被短柔毛。叶楔状菱形，向上，长约10毫米，宽5～9毫米，先端具3～5齿裂，齿端短芒状刺尖，基部楔形，硬革质，两面无毛，干后白绿色，无柄。轮伞花序具2～4花；苞片细针状；花萼管状钟形，5齿，矩圆状披针形，先端具短刺尖，不等长；花冠淡黄色，外面被白色柔毛，上唇2裂，下唇3深裂，中裂片大，倒心形，先端深凹，侧裂片小，卵圆形，先端具2齿。小坚果窄三棱形。花期6～8月，果期在9～10月。

超旱生植物。生于半荒漠和荒漠地带的石质低山坡、黄土丘陵、砾石纸盒砂砾质地。

唇形科 | 益母草属
细叶益母草

别名：益母草 风葫芦草 四美草　　学名：*Leonurus sibiricus*

一年生或二年生草本，有圆锥形的主根。茎直立，高20~80厘米，钝四棱形，微具槽，有短而贴生的糙伏毛。基生叶早枯；中部叶轮廓为卵形，长5厘米，宽4厘米，基部宽楔形，掌状3全裂，裂片呈狭长圆状菱形，叶脉下陷，下面淡绿色，被疏糙伏毛及腺点，叶脉明显凸起且呈黄白色，叶柄纤细。轮伞花序腋生，多花，花时轮廓为圆球形，径3~3.5厘米，多数，向顶渐次密集组成长穗状；小苞片刺状，比萼筒短，被短糙伏毛；花萼管状钟形；花冠粉红色，外面无毛，冠檐二唇形，上唇长圆形，外面密被长柔毛，下唇3裂，中裂片倒心形，先端微缺。小坚果长圆状三棱形，顶端截平，基部楔形，褐色。花期7~9月，果期9月。

生于田野、荒坡、沙荒地。

有毒，作益母草入药。

茄科 | 矮牵牛属
碧冬茄

别名：矮牵牛　　学名：*Petunia hybrida*

一年生草本，高30～60厘米，全体生腺毛。叶有短柄或近无柄，卵形，顶端急尖，基部阔楔形或楔形，全缘，长3～8厘米，宽1.5～4.5厘米，侧脉不显著，每边5～7条。花单生于叶腋，花梗长3～5厘米。花萼5深裂，裂片条形，长1～1.5厘米，宽约3.5毫米，顶端钝，果时宿存；花冠各色，有各式条纹，漏斗状，长5～7厘米，筒部向上渐扩大，檐部开展，有折襞，5浅裂。蒴果圆锥状，长约1厘米，2瓣裂，各裂瓣顶端又2浅裂。种子极小，近球形，褐色。

观赏花卉，城市园林及公园中普遍栽培。

茄科 | 枸杞属
枸杞

别名：狼牙根 枸杞子 枸杞菜　　学名：*Lycium chinense*

落叶灌木。主干粗壮，上部多分枝，细弱，常下垂，有棘刺，小枝有棱或狭翅状。叶互生，卵形或卵状菱形，长1.5～5厘米，宽5～15毫米，全缘，先端渐尖，基部楔形，并下延成柄，边缘有小锯齿。花腋生，1至数朵簇生于短枝上，花梗长1～1.5厘米，花萼杯状，2～4裂片；花冠漏斗状，粉红色或紫红色，5裂。浆果卵圆形，长0.5～1.5厘米，有种子多数，土黄色。花果期6～9月底。

为经济树种，20世纪八九十年代东滩有园地种植，现有少量逸存。种子繁殖或根萌移植。

果实及根皮（地骨皮）入药，皆是著名中药。

茄科 | 假酸浆属
假酸浆

别名：灯笼草　　学名：*Nicandra physalodes*

一年生草本，根茎横生，毛根多。茎直立，高30~70厘米，茎节稍膨大，茎四棱形或具纵沟槽。叶互生，卵形至卵状三角形，两面被毛，掌状叶脉，先端渐尖，基部阔楔形，边缘具锯齿或掌状3~5浅裂，叶柄长3~6厘米。单花生于叶腋，花萼钟状，花冠辐状，紫色，花梗2~3厘米，花时直立，果时向下弯曲。浆果球形，黄色，包藏于膨大的宿萼内。种子肾状盘形，径约1毫米，具多数小凹穴。花果期为夏、秋季。花期6~8月，果期8~9月。

野生植物，生长于田边草地或退耕地。种子繁殖。

全草有毒。全草入药。

茄科 | 辣椒属
辣椒

别名：辣子 牛角椒 线椒 青椒　　学名：Capsicum annuum

一年生草本，高50～80厘米，茎直立，上部分枝，枝节处"之"字形折弯。单叶互生，卵状披针形，叶脉羽状，先端渐尖，基部阔楔形，叶柄长3～6厘米。花单生于叶腋或枝腋，花梗俯垂；花萼杯状，5～7浅裂，花冠辐状，白色，裂片5～7。浆果俯垂，长指状，顶端尖而稍弯，少汁液，果皮与胎座间空腔，熟后红色、紫红或黄色。种子扁圆形，黄色。花期6～9月，果期7～10月。

作蔬菜、调味品广泛种植。种子繁殖。

定边特色农产品，定边辣椒受国家地理保护，享誉国内外。

常栽培品种有：

1. 线椒：果实细长，辣味浓，可晒干椒。

2. 牛角椒：圆锥尖形，以炒菜鲜食为主，辣味浓，有红、黄彩椒。

3. 菜椒：三角圆柱形，鲜食品种，有青、红、黄。

4. 灯笼椒：果形较大，蓬松，颜色各异，一般钟状，有沟纹，可做成沙拉或菜肴。

5. 朝天椒：果实小圆锥形，不下垂，直立；辣味特重。

6. 辣椒：长圆锥形，稍弯，表面不平整，可鲜食，可晒干椒。

茄科 | 曼陀罗属
曼陀罗

别名：洋金花　　学名：*Datura stramonium*

一年生草本，单茎，直立，粗壮，高1~2米，茎干黄绿色，上部二歧分枝。单叶互生，宽卵形，长8~12厘米，宽4~12厘米，边缘有不规则波状浅裂，裂片三角形，先端急尖，基部不对称楔形，叶柄长3~5厘米。花单生于枝叉间或叶腋，直立，具短梗；花萼筒状，筒部有5棱，顶端5浅裂；花冠漏斗状，长6~10厘米，下部淡绿色，上部白色或带紫色，5浅裂，顶端锐尖。蒴果卵圆形，直立，表面有坚硬的针刺，成熟后4瓣裂。种子多数，暗褐色。花期7~9月，果期9~10月。

全县野生分布，生于田间、地边、路旁和坡原。种子繁殖。

全株有麻醉毒性。叶、花、种子入药。

茄科 | 茄属
龙葵

别名：天葵 野葡萄　　学名：*Solanum nigrum*

一年生草本，高30～70厘米，茎直立，多分枝，嫩枝具纵棱。单叶互生，卵形，长2.5～10厘米，宽1.5～5厘米，全缘或有不规则波状齿，两面光滑，先端渐尖，基部楔形，叶柄长1～3厘米。花序短蝎尾状，腋外生，有花4～10朵，总花梗长1～2.5厘米，花梗长约5毫米；花萼杯状，5浅裂，花冠白色，辐状，冠檐5深裂，裂片卵状三角形。浆果球形，直径8毫米，熟时黑色。种子多数，压扁状。花期7～9月，果期8～10月。

田边、荒地、林下多有分布。种子繁殖。

全草有微毒。全草入药。

茄科 | 茄属
茄

别名：落苏 茄子　　学名：Solanum melongena

一年生草本，直立，多分枝，茎紫褐色，幼枝、叶、花梗、花萼被星状绒毛，少有皮刺。叶卵形至矩圆状卵形，顶端钝，基部偏斜，边缘浅波状或深波状圆裂，叶柄长2~5厘米，羽状脉。能孕花单生叶腋，花梗长1~2厘米，花后下垂，不孕花与能孕花并生；花萼钟状，有小皮刺，裂片披针形，黑紫色；花冠辐状，蓝紫色，裂片三角形。浆果肉质，较大，圆形、圆柱形或长条圆柱形，紫色、白色或绿色，萼宿存。

作为蔬菜作物广泛种植，品种较多。种子繁殖。

茄科 | 茄属
青杞

别名：野枸杞　　学名：*Solanum septemlobum*

多年生草本，根木质，茎直立，有棱，茎从基部2～4丛生，上部多分枝，茎绿色。叶互生，卵形，长3～7厘米，宽2～5厘米，基部楔形，叶柄长1～3厘米，叶3～7深裂，裂片披针形，顶端尖，两面具短柔毛，二歧聚伞花序顶生或腋外生，支花梗纤细；花萼小，杯状，裂片三角形；花冠蓝紫色，裂片矩圆形。浆果圆球形，直径约8毫米，熟时红色。种子扁圆形。花期7～9月，果期8～10月。

荒地、田边、草滩和林下多有分布。种子繁殖。有微毒。全草药用。

定边植物图鉴

茄科 | 茄属
阳芋

别名：马铃薯 洋芋 土豆　　学名：Solanum tuberosum

一年生草本，有疏柔毛。茎有纵棱，分枝。地下茎块状，矩圆状或扁球状。单数羽状复叶，有小叶5～9，卵形或矩圆形，大小相间，在叶长约6厘米，小叶长宽不足1厘米；大叶顶端渐尖，基部宽楔形，叶柄短，边缘具小锯齿，羽状脉。伞房花序顶生，后侧生；花白色或蓝紫色，花萼钟状，外面有柔毛；花冠辐状，5浅裂。浆果圆球形，光滑。花期7～9月。

作为粮食作物和蔬菜种植，面积达百万亩，形成定边特色农产品，成为中国六大马铃薯生产县之一。栽培品种有十多个。

茄科 | 天仙子属
天仙子

别名：莨菪 牙痛子 牙痛草 马铃草　　学名：*Hyoscyamus niger*

二年生草本，高40～100厘米，全体被黏性腺毛，具臭味。肉质根较粗壮。基生叶莲座状，长可达30厘米，宽10厘米，卵状披针形或长矩圆形，边缘有粗牙齿或羽状浅裂，基部半抱根茎；茎生叶卵形或三角状卵形，基部半抱茎或宽楔形，边缘羽状裂，被柔毛，长4～10厘米，宽2～6厘米。花在茎中部以下单生于叶腋，在茎上端则单生于苞状叶腋内而聚集成蝎尾式总状花序，通常偏向一侧。花萼筒状钟形，5浅裂；花冠钟状，黄色而脉纹紫堇色。蒴果包藏于宿存萼内，长卵圆状。种子近圆盘形，淡黄棕色。花果期5～8月。

分布于我国华北、西北及西南。常生于山坡、荒地、四旁。

全株药用。

茄科 | 烟草属
烟草

别名：烟叶 烤烟 老旱烟　　学名：Nicotiana tabacum

一年生草本，高0.5～1.5米。单茎直立，粗壮，有腺毛，茎秆有纵槽和棱。叶互生，叶片大，矩圆形，长10～30厘米，宽8～15厘米，顶端渐尖，基部渐狭呈半抱茎，呈耳状，全缘或微波状。圆锥花序顶生，花萼坛状，5裂；花冠长管状漏斗形，较萼长3倍，裂片短尖，淡红色或白色。蒴果卵圆形，与宿萼等长，熟后5瓣裂，种子多数，暗褐色。花期7～8月，果期8～10月。

20世纪90年代作为经济作物大面积种植，现只有农户小面积种植，自产自销。种子繁殖。

叶为烟草工业原料。

栽培品种有：烤烟、烟叶和旱烟。

玄参科｜地黄属
地黄

别名：怀庆地黄 生地　　学名：*Rehmannia glutinosa*

体高10～30厘米，密被灰白色多细胞长柔毛和腺毛。根茎肉质，鲜时黄色，在栽培条件下，直径可达5.5厘米，茎紫红色。叶通常在茎基部集成莲座状，向上则强烈缩小成苞片；叶片卵形至长椭圆形，上面绿色，下面略带紫色或成紫红色，长2～13厘米，宽1～6厘米，边缘具不规则圆齿或钝锯齿以至牙齿。花具长0.5～3厘米之梗，梗细弱，弯曲而后上升，在茎顶部略排列成总状花序；花冠长3～4.5厘米；花冠筒弓曲，外面紫红色，被多细胞长柔毛；花冠裂片，5枚，先端钝或微凹，内面黄紫色，外面紫红色，两面均被多细胞长柔毛。蒴果卵形至长卵形，长1～1.5厘米。花果期4～7月。

生于海拔50～1 100米之砂质壤土、荒山坡、山脚、墙边、路旁等处。

根、茎药用，为传统中药材。

玄参科 | 柳穿鱼属
柳穿鱼

别名：面条菜　　学名：*Linaria vulgaris* subsp. *chinensis*

多年生草本，高50～100厘米。叶狭披针形，无柄，茎下部的叶轮生，上部互生，长3～8厘米，宽2～4毫米，无毛。总状花序生于枝顶；花萼5裂，裂片宽披针形，长约3毫米；花冠淡黄色，长约1.5厘米，喉部附属物位于下唇，橘黄色，有须毛，基部距长5～9毫米。蒴果球形，直径约2毫米。花期6～9月，果期8～10月。

见于十里沙路旁。

全草药用。

玄参科 | 泡桐属
兰考泡桐

别名：泡桐　　学名：*Paulownia elongata*

乔木高达10米以上，树冠宽圆锥形，全体具星状绒毛；小枝褐色，有凸起的皮孔。叶片通常卵状心脏形，有时具不规则的角，长达34厘米，顶端渐狭长而锐头，基部心脏形或近圆形，上面毛不久脱落，下面密被无柄的树枝状毛。花序枝的侧枝不发达，故花序金字塔形或狭圆锥形，长约30厘米，小聚伞花序的总花梗长8～20毫米，几与花梗等长，有花3～5朵，稀有单花；萼倒圆锥形，基部渐狭；花冠漏斗状钟形，紫色至粉白色，长7～9.5厘米，外面有腺毛和星状毛，内面无毛而有紫色细小斑点，檐部略作二唇形。蒴果卵形，长3.5～5厘米，宿萼碟状，顶端具长4～5毫米的喙。花期4～5月，果期秋季。

发现于二楼通往杨风渠子的路边，抽梢严重，生长不良。

定边植物图鉴

玄参科 | 芯芭属
蒙古芯芭

别名：光药大黄花　　学名：*Cymbaria mongolica*

多年生草本，茎丛生，高5～20厘米，茎基部为鳞片所覆盖，密被灰色或锈色短柔毛。叶对生，叶片长椭圆形、披针形或条线形，全缘，无柄。花单生于茎上部叶腋，每茎1～4朵，花梗长3～6毫米，苞片2，花萼5齿，花冠黄色。蒴果长卵形，长约1厘米。花期5～6月，果期7～8月。

分布于山区向阳坡地。

全草入药。

紫葳科 | 角蒿属
角蒿

别名：羊角草 一枝蒿　　学名：*Incarvillea sinensis*

一年生草本，高15～50厘米，茎单一，直立，多分枝，茎枝灰绿色或灰黄色，被柔毛。叶在基部的对生，分枝上的叶互生，二至三回羽状全裂，形态多变，裂片条形或条状披针形。总状花序顶生，有花多数，疏散，花梗1厘米，基部有2小苞片；花萼钟状，基部膨胀；花冠红色或紫红色，裂片微凹。蒴果条状圆柱形，长4～11厘米，顶端渐尖，稍弯。种子卵形，具透明翅。花期5～8月，果期8～9月。

广泛分布于山坡、田野和沙地草滩。种子繁殖。全草入药。可开发为观赏植物。

紫葳科 | 角蒿属
黄花角蒿

别名：丛枝角蒿　　学名：*Incarvillea sinensis* var. *przewalskii*

多年生直立草本，茎从基部丛生，根粗壮，顶端常有先年茎的残遗物，茎枝被柔毛。叶在基部的对生，在枝上的互生，二至三回羽状全裂，裂片条形或条状披针形。总状花序顶生，有花多数，疏散，花梗1厘米；花萼钟状，花冠粉红色或红黄色。蒴果条状圆柱形，顶端尖，稍弯。种子卵形，具透明翅。花期5～8月，果期8～9月。

分布于山坡、田野和路旁、草滩。种子繁殖。

全草入药。可开发为观赏植物。

紫葳科丨梓属
楸

别名：楸树 金丝椒　　学名：*Catalpa bungei*

落叶乔木，树干通直，树冠阔圆锥形，树皮灰白色。单叶对生，叶片三角状卵形或卵状长圆形，长6～15厘米，宽8厘米，顶端渐尖，基部心形或截形，全缘，两面无毛，叶柄长3～8厘米，羽状脉。伞房状总状花序顶生，有花多数，花冠白色，长4厘米，花冠内有紫色斑点，下唇内有黄色斑块。蒴果长扁圆条形，常2个垂生，长18～25厘米，宽0.8～1厘米。种子长椭圆形，扁，两端有长毛。花期6月，果期9～10月。叶落后宿存。

作园林绿化树种栽植小区、广场和院落。

树皮、叶、果入药。

紫葳科 | 梓属
梓

别名：梓树 筷子树　　学名：*Catalpa ovata*

落叶乔木，主杆通直，树冠伞形，树皮灰白色，幼枝褐红色，嫩枝具疏柔毛。叶对生，叶片宽卵形，长宽相等，长约25厘米，先端常3~5浅裂，基部心形或阔楔形，掌状脉，叶两面粗糙，叶柄长。圆锥花序顶生，花多数，花梗有毛；花冠淡黄色，内有黄色线纹和紫色斑点，长约2厘米。蒴果长圆条形，3~5成丛，长20~30厘米，宽0.4~0.6厘米。种子长椭圆形，扁，两端有长毛。花期6月，果期9~10月。

20世纪60年代曹圈苗圃引入，近年作园林绿化树种栽植小区、广场和院落。

列当科 | 列当属
黄花列当

别名：列当 沙棒槌 草苁蓉 独根草　　学名：Orobanche pycnostachya

一年生或二年生寄生草本，高10～20厘米，全株被白色棉毛。根状茎肥厚，近肉质。茎直立，不分枝，黄色。单叶互生，鳞片状，卵状披针，茎下部小而密，向上大而疏。穗状花序，长5～8厘米，密生绒毛；苞片卵状披针形，与花冠等长，花萼2深裂；花冠唇形，淡黄色，上唇2裂，下唇3裂，花丝普生于冠筒中部。蒴果卵圆形，有种子多数，黑色。花期5～6月，果期8～9月。

常生于艾、蒿类植物的根部，分布西南部山区蒿类植物群落的荒地、坡地。种子繁殖。

全草入药，传统中药材。

列当科 | 列当属
列当

别名：草苁蓉 独根草 兔子拐棍 沙棒槌　　学名：*Orobanche coerulescens*

一年生或二年生寄生草本，高20～30厘米，全株被白色棉毛。根状茎肥厚。茎直立，不分枝，黄褐色。单叶互生，鳞片状，卵状披针形，茎下部密，向上变疏。穗状花序，长5～10厘米，密生绒毛；苞片卵状披针形，与花冠等长，顶端尾尖，花萼2深裂；花冠唇形，淡紫色或蓝紫色，上唇2裂，下唇3裂，花丝着生于冠筒中部。蒴果卵状长圆形或圆柱形，长约1厘米；种子多数，黑色。花期5～6月，果期8～9月。

常寄生于艾、蒿植物的根部和向日葵根部，遍布固定沙地、蒿类植物草滩、向日葵作物地块和山区草坡、沟壑。种子繁殖。

全草入药，传统中药材。

肉苁蓉

列当科 | 肉苁蓉属

别名：苁蓉 大芸　　学名：*Cistanche deserticola*

多年生寄生草本，茎直立，肉质，不分枝或从基部少分枝，大部分生地下，黄色，高10~45厘米。叶互生，鳞片状，黄褐色，覆互状排列，卵形或三角状卵形，无毛。穗状花序，密生多花；花萼钟状，5浅裂，苞片与花冠等长，花冠筒状钟形，近唇形，顶端5裂，裂片蓝紫色，筒部，淡黄白色，干后棕褐色。蒴果卵球形，2瓣裂，顶端具宿存花柱。花期5~6月，果期7~8月。

寄生植物。常寄生于梭梭、红砂、红柳、白刺的根部。我县红柳嫁接肉苁蓉培育成功。种子繁殖。

全草入药，传统中药材。

车前科 | 车前属
车前

别名：野甜菜 车轱辘菜　　学名：*Plantago asiatica*

一年或多年生草本，有圆柱状直根，有须根，橙黄色。叶基生，多数，直立或铺展，卵形或宽卵形，长4～12厘米，宽4～8厘米，顶端圆钝或渐尖，基部楔形，全缘或波状弯缺，两面无毛，叶柄长5～20厘米。花葶数个，直立，穗状花序占梗长1/3；苞片宽三角形，比萼裂片短，花冠裂片披针形，长1毫米。蒴果椭圆形，长3毫米，周裂，种子5～6粒，黑棕色。

分布于滩区水地边、田埂，喜湿润环境。种子繁殖。

全草入药，传统中药材。

车前科 | 车前属
平车前

别名：车轮菜 车串串　　学名：*Plantago depressa*

一年生或二年生草本。直根长，肉质。根茎短。叶基生呈莲座状，平卧或斜展；叶片纸质，椭圆形、椭圆状披针形或卵状披针形，长3~12厘米，宽1~3.5厘米，先端急尖或微钝，边缘具浅波状钝齿、不规则锯齿或牙齿，基部宽楔形至狭楔形，下延至叶柄，脉5~7条，上面略凹陷，于背面明显隆起，两面疏生白色短柔毛；叶柄长2~6厘米，基部扩大成鞘状。花序3~10个；花序梗长5~18厘米；穗状花序细圆柱状，上部密集，基部常间断；苞片三角状卵形。花萼无毛，龙骨突宽厚，不延至顶端；花冠白色，无毛，冠筒等长或略长于萼片。蒴果卵状椭圆形至圆锥状卵形。种子4~5，椭圆形，腹面平坦，黄褐色至黑色。花期5~7月，果期7~9月。

生于草地、河滩、沟边、草甸、田间及路旁。全草入药，传统中药材。

车前科 | 车前属
小车前

别名：条叶车前　　学名：*Plantago minuta*

多年生草本，全株密生柔毛，直根细长。叶基生，多数，铺展或铺地面，条形或条状披针形，长4～8厘米，宽1～2厘米，全缘，先端钝尖，基部长楔形，边缘具小锯齿。花葶多数，直立或斜上，较叶长。穗状花序，花多数，密生；苞片卵形，萼裂片椭圆形，黑棕色，花萼裂片宽卵形，花冠裂片狭卵形，边缘有齿。蒴果卵球形，长约4毫米，周裂，种子2，黑棕色。

分布于山滩区田边、地梗和较湿润坡地。种子繁殖。

全草入药。

茜草科 | 拉拉藤属
蓬子菜

别名：重台草 蓬子草　　学名：*Galium verum*

多年生近直立草本，基部稍木质，高25～45厘米；茎有4角棱，被短柔毛。叶纸质，6～10片轮生，线形，顶端短尖，边缘极反卷，常卷成管状，上面无毛，稍有光泽，下面有短柔毛，干时常变黑色，1脉，无柄。聚伞花序顶生和腋生，较大，多花，通常在枝顶结成带叶的长可达15厘米、宽可达12厘米的圆锥花序状；总花梗密被短柔毛；花小，稠密；花冠黄色，辐状，直径约3毫米，花冠裂片卵形或长圆形，顶端稍钝；花药黄色。果小，近球状。花期4～8月，果期5～10月。

生于南部山区、河滩、沟边、灌丛或林下。

茜草科 | 茜草属
茜草

别名：驴然燃 膜叶茜草 红果茜草　　学名：*Rubia cordifolia*

多年生缠绕草本，上部多分枝。根须状，紫红色或橙红色；茎粗糙，被短毛，小枝四棱形，棱上有倒生小刺。4～6叶轮生，纸质，卵形至卵状披针形，长2～9厘米，宽1～2厘米，顶端渐尖，基部圆形至心形，叶面粗糙，下面脉上和叶柄有倒生小刺，基出脉3～5，叶柄长短不齐，1～8厘米。聚伞花顶生或腋生，组成疏散的圆锥状花，花梗短，花小，黄白色或淡黄色，萼筒近球形，花冠辐射状，筒极短。浆果球形，成熟后红黑色或黑色，直径5毫米，有种子1，黑色。花期6～7月，果期8～9月。

常生于灌丛林下和路旁草丛。种子繁殖。山滩均有分布。

根药用。

忍冬科 | 荚蒾属
鸡树条

别名：天目琼花　　学名：*Viburnum opulus* subsp. *calvescens*

落叶灌木植物。高可达4米；冬芽卵圆形，有柄，无毛。叶片轮廓圆卵形至广卵形或倒卵形，通常3裂，掌状，无毛，裂片顶端渐尖，边缘具不整齐粗牙齿，椭圆形至矩圆状披针形而不分裂，边缘疏生波状牙齿，叶柄粗壮，无毛。复伞形聚伞花序，周围有大型的不孕花，总花梗粗壮，无毛，花生于第二至第三级辐射枝上，花梗极短；萼齿三角形，均无毛；花冠白色，辐状，花药黄白色，不孕花白色。果实红色，近圆形。5~6月开花，果熟期9~10月。

优良的观赏植物。

忍冬科｜锦带花属
锦带花

别名：锦带 海仙　　学名：*Weigela florida*

落叶灌木，高达1～3米；幼枝稍四方形；树皮灰色。芽顶端尖，具3～4对鳞片，常光滑。叶矩圆形、椭圆形至倒卵状椭圆形，长5～10厘米，顶端渐尖，基部阔楔形至圆形，边缘有锯齿，上面疏生短柔毛，脉上毛较密，下面密生短柔毛或绒毛，具短柄至无柄。花单生或成聚伞花序生于侧生短枝的叶腋或枝顶；萼筒长圆柱形，疏被柔毛，萼齿长约1厘米，不等，深达萼檐中部；花冠紫红色或玫瑰红色，长3～4厘米，直径2厘米，外面疏生短柔毛，裂片不整齐，开展，内面浅红色；花丝短于花冠，花药黄色；子房上部的腺体黄绿色，花柱细长，柱头2裂。果实长1.5～2.5厘米，顶有短柄状喙，疏生柔毛；种子无翅。花期4～6月。

园林绿化优良景观植物。

忍冬科 | 忍冬属
金银忍冬

别名：金银木　　学名：*Lonicera maackii*

落叶灌木或小乔木。全株被柔毛和微腺毛。叶纸质，卵状椭圆形或卵状披针形，长5～8厘米，先端渐尖或长渐尖；叶柄长2～5毫米。花芳香，成对生于幼枝叶腋，总花梗长1～2毫米；苞片线形，小苞片绿色；花冠先白后黄色，长2厘米，外被短伏毛或无毛，唇形，冠筒长约为唇瓣1/2，内被柔毛；雄蕊与花柱长约花冠2/3，花丝中部以下和花柱均有向上柔毛。果熟时暗红色，圆形，径5～6毫米。花期5～6月，果期8～10月。

园林绿化常用树种。

忍冬科 | 忍冬属
忍冬

别名：金银花　　学名：*Lonicera japonica*

半常绿藤本。幼枝暗红褐色。叶纸质，卵形或长圆状卵形，有时卵状披针形，基部圆或近心形，有糙缘毛，下面淡绿色，小枝上部叶两面均密被糙毛，下面带青灰色；叶柄密被柔毛。总花梗常单生小枝上部叶腋，与叶柄等长或较短，下方者长2～4厘米；苞片卵形或椭圆形，两面均有柔毛或近无毛；萼筒无毛，萼齿卵状三角形，有长毛；花冠白色，后黄色，唇形，冠筒稍长于唇瓣，上唇裂片先端钝，下唇带状反曲。果圆形，熟时蓝黑色。花期4～6月（秋季常开花），果期10～11月。

生于山坡灌丛或疏林中、乱石堆、山足路旁及村庄篱笆边。也是园林绿化及庭院常用树种。

花入药，是传统中药材。

忍冬科 | 猬实属
猬实

别名：美人木　　学名：*Kolkwitzia amabilis*

落叶多分枝灌木，高达3米。冬芽具数对被柔毛鳞片。幼枝红褐色，被柔毛及糙毛，老枝无毛，茎皮剥落。叶对生，椭圆形或卵状椭圆形，长3~8厘米，全缘，稀有浅齿，两面疏生短毛，脉和叶缘密被直柔毛和睫毛；叶柄长1~2毫米，无托叶。2花聚伞花序组成伞房状，顶生或腋生于具叶侧枝之顶，总花梗1~1.5厘米；花几无梗；苞片2，披针形，紧贴花基部；萼筒密被刚毛，上部缢缩成颈，5裂，裂片钻状披针形，有柔毛；花冠淡红色，钟状，长1.5~2.5厘米，5裂，裂片开展，被柔毛，2裂片稍宽短，内有黄色斑纹；雄蕊4，内藏；子房3室，1室发育，1胚珠，花柱有软毛，柱头阔，不伸出冠筒。2瘦果状核果合生，密被黄色刺刚毛，顶端角状，萼齿宿存。

为我国特有的单种属。国家三级保护植物。

优良的观赏植物。

定边植物图鉴

败酱科 | 败酱属
糙叶败酱

别名：墓头回　　学名：*Patrinia scabra*

多年生草本，高30~70厘米。根圆柱形，黑褐色，稍木质化。茎分枝，密被细短毛。基生叶倒披针形，2~4对羽状浅裂，花期枯萎；茎生叶对生，狭卵形至披针形，长1~6厘米，宽1~2厘米，1~3对羽状深裂或全裂，两面被毛。多个聚伞花序组成伞房花序；花冠黄色，筒状，基部一侧稍膨大，直径5~7毫米。瘦果圆柱状。花期6~7月，果期9~10月。

多分布于黄土丘陵山区沟岩、路边、田埂和坡地。

全草入药。

葫芦科 | 葫芦属
葫芦

别名：瓠瓜　　学名：*Lagenaria siceraria*

一年生攀缘草本，蔓长10米以上，茎具纵沟纹，被黏质长柔毛，后逐渐脱落，卷须2分叉。叶片心状卵形或肾形卵形，长宽15～35厘米，不分裂或稍浅裂，边缘有小齿，叶柄粗长，顶端有2腺体。雌雄同株，花白色，单生，花梗长；雄花花托漏斗装，长2厘米；花冠裂片皱波状，被黏毛，长3～4厘米。瓠果大，长，中间缢缩变细，下部和上部膨大，下部大于上部，上小中细下大葫芦状，成熟后外壳木质化，中空，表皮淡黄白色或黄绿色。种子白色。花果期7～10月。

作为器物用具和观赏植物，家庭院落和田边多有栽培。形态大小各异，大者可做成容器、水瓢，中者可做成乐器，小者可供绘画、烙雕，亦可做成玩具。

果皮、种子药用。

葫芦科 | 黄瓜属
甜瓜

别名：小瓜 脆瓜　　学名：*Cucumis melo*

一年生蔓生草本，茎被短刚毛，分枝，茎蔓长2～3米，卷须不分叉。叶片近圆形或肾形，长宽8～15厘米，3～7浅裂，两面有柔毛，下面叶脉上有短刚毛，边缘有锯齿，叶柄有短刚毛。雌雄同株，雄花2～4朵簇生，雌花单生。花冠黄色，裂片卵状矩圆形，长2厘米，顶端急尖。果实形状、色泽因品种各异，有香味，果皮平滑或感粗糙，3瓣形。种子白色。

作为鲜食水果品种普遍种植。

常栽培品种有白脆瓜、绿皮小瓜、哈密瓜、白兰瓜、麻皮瓜、籽麻瓜等。

果实、种子、花、茎、叶、根药用。

葫芦科 | 南瓜属
南瓜

别名：番瓜　　学名：*Cucurbita moschata*

一年生蔓生草本，多分枝，茎节部生不定根，被短刚毛，卷须3～4分叉。叶宽卵形或卵圆形，常有5角或5浅裂，两面密被茸毛，叶面上常有白斑，边缘有细齿。花雌雄同株，单生，雄花花萼裂片条形，上部扩大成叶状；花冠钟形，5中裂，裂片外展，蛋黄色，具皱纹；雌花花萼裂片叶状，柱头3，膨大，2裂。果柄粗短，有棱和槽，瓜蒂扩大成喇叭状；果有数条纵沟，形状、颜色、大小因品种不同而异。种子灰白色。

作为蔬菜品种多有种植，远销多个省份。

种子、果实、花、须、蒂、根、茎、叶皆药用。

葫芦科 | 南瓜属
西葫芦

别名：菜瓜　　学名：*Cucurbita pepo*

一年生蔓生草本，茎粗、短，叶质厚、硬，卷须多分叉。叶直立，三角形或卵状三角形，长宽15～30厘米，5～7浅裂，裂片顶端锐尖，边缘有齿，基部心形，两面有粗糙毛。花雌雄同株，单生，黄色；花萼裂片条状披针形，花冠筒钟状，5裂至中部，裂片稍扩展，顶端锐尖。果柄有棱沟，果蒂处变粗并扩大，果实形状因品种各异。种子白色，边缘拱起而钝。

作蔬菜品种广泛栽培。

桔梗科｜桔梗属
桔梗

别名：铃当花　　学名：*Adenophora stenanthina*

多年生草本，有白色乳汁。根胡萝卜状。茎直立，高0.2～1.2米，通常无毛，不分枝。叶轮生、部分轮生至全部互生，卵形、卵状椭圆形或披针形，长2～7厘米，基部宽楔形或圆钝，先端急尖，上面无毛而绿色，下面常无毛而有白粉，边缘具细锯齿，无柄或极短。花单朵顶生，或数朵集成假总状花序，或有花序分枝而集成圆锥花序；花萼筒部半圆球状或圆球状倒锥形，5裂，裂片三角形或窄三角形；花冠漏斗状钟形，长1.5～4厘米，蓝或紫色，5裂。蒴果球状、球状倒圆锥形或倒卵圆形。种子多数，熟后黑色。花期7～9月。

生于向阳处草丛、灌丛中，少生于林下。传统中药材，广泛栽培。

根药用，传统中药材。

桔梗科 | 沙参属
长柱沙参

别名：沙参　　学名：Adenophora stenanthina

多年生草本，有乳汁，茎高30～60厘米，根近圆柱形，多分枝。叶互生，下部叶皱褶，上部叶长条形，无柄，长2～5厘米，宽2～4毫米，先端渐尖，边缘有小齿。圆锥花序顶生，无毛，花下垂；花萼裂片5，狭三角形；花冠蓝紫色，钟状，5浅裂。蒴果卵状圆锥形。花果期7～9月。

分布于山区沟谷、草坡和田边，滩区草地。种子繁殖。

根入药。

菊科 | 百花蒿属
百花蒿

别名：苦荞　　学名：*Stilpnolepis centiflora*

一年生草本，根粗壮纺锤形。茎枝高40厘米左右，被绢状柔毛。叶线形，长3.5~10厘米，宽2.5~4毫米，具3脉，两面疏被柔毛，先端渐尖，基部有2~3对羽状裂片，裂片线形，无柄。头状花序半球形，下垂，多数头状花序排成伞房花序；总苞片外层3~4枚，草质，有膜质边缘，中内层卵形或宽倒卵形，全部膜质或边缘宽膜质，先端圆，背面有长柔毛。两性花极多数，结实；花冠黄色，上部3/4呈宽杯状，膜质，外面被腺点，檐部5裂。瘦果近纺锤形，密被腺点。花果期9~10月。

生于流动沙丘丘间低地。产自内蒙古、陕西北部、甘肃河西走廊。

陕西仅见于定靖两县毛乌素沙地。

菊科 | 百日菊属
百日菊

别名：百日草 节节高 步步高　　　学名：*Zinnia elegans*

一年生草本，高40～60厘米，茎直立，上部分枝，密被长硬毛，有纵沟槽和棱瘠。叶对生，宽卵形或长椭圆形，全缘，顶端渐尖，边缘有锯齿，基部心形，抱茎，基出3脉。头状花序单生枝顶端，花径8～10厘米。舌状花有紫色、红色、粉红色、黄色、白色，舌上具斑点，舌片卵圆形。果实圆球锥形，瘦果多数。花期6～9月，果期8～10月。

庭院、小区、房前多有种植，是著名花卉和观赏植物，可布置花坛、花径，也可作切花。种子繁殖。全草药用。

菊科 | 苍耳属
苍耳

别名：苍耳子　　学名：*Xanthium strumarium*

一年生草本，高30～70厘米，茎直立，中、上部多分枝，茎秆圆柱形，被糙毛，有紫褐色或黑色斑块。叶互生，三角状卵形或心形，基部稍心或截形，先端钝尖，边缘具不规则的缺刻和粗锯齿，叶面绿色，下面苍白色，叶柄长3～11厘米。头状花序腋生和顶生，球形，密生柔毛，总苞片囊状；成熟的具瘦果的总苞片变坚硬，外面疏生具钩的总苞刺，内有瘦果2，倒卵形，稍扁，种皮灰黑色，种仁乳白色。花期7～8月，果期9～10月。

全县农田、地埂、路旁均有分布。种子繁殖。果实是著名中药材。

菊科 | 大丽花属
大丽花

别名：天竺牡丹 西番莲 大理菊 苕菊 洋芍药　　学名：*Dahlia pinnata*

多年生草本，有巨大棒状块根。茎直立，多分枝，高1.5~2米，粗壮。叶一至三回羽状全裂，上部叶有时不分裂，裂片卵形或长圆状卵形，下面灰绿色，两面无毛。头状花序大，有长花序梗，常下垂，宽6~12厘米。总苞片外层约5个，卵状椭圆形，叶质，内层膜质，椭圆状披针形。舌状花1层，白色、红色或紫色，常卵形，顶端有不明显的3齿或全缘；管状花黄色，有时在栽培种全部为舌状花。瘦果长圆形，黑色，扁平，有2个不明显的齿。花期6~12月，果期9~10月。

广泛栽植的观赏植物。适于花坛、花径丛栽，另有矮生品种适于盆栽。

菊科 | 顶羽菊属
顶羽菊

别名：灰蒿 灰叫驴　　学名：Rhaponticum repens

多年生草本，高20~120厘米。茎直立，基部分枝，有纵棱槽，被蛛丝毛。叶稍坚硬，长椭圆形、匙形或线形；叶互生，披针形，长2~5厘米，全缘，有时羽状半裂，疏被蛛丝毛。头状花序在枝端排列成伞房状，含两个管状小花；总苞卵形，总苞片6~8层，覆瓦状排列，总苞片顶端有白色半透明膜质附片，密被长毛，外层或中层总苞片卵形，附片圆钝，内层披针形或条状披针形，顶端附片小；花序托有托毛；花冠红色或紫色；花柱分枝细长，顶端钝，花柱中部有毛环。瘦果倒长卵形，压扁，淡白色，有不明显的细脉纹；冠毛刚毛短羽状，白色。花果期6~8月。

生于轻度盐化草甸、河岸沙地、固定沙地、干河床、河谷、干山坡、山前石质平原。

优良固沙植物。

菊科 | 飞廉属
节毛飞廉

别名：大蓟 小蓟　　学名：*Carduus acanthoides*

二年生或多年生草本。茎单生，高30～90厘米，茎枝疏被或下部稍密长节毛。基部及下部茎生叶长椭圆形或长倒披针形，长6～29厘米，羽状浅裂、半裂或深裂，侧裂片6～12对，半椭圆形、偏斜半椭圆形或三角形；向上的叶渐小，基部及下部叶同形并等样分裂；茎生叶两面绿色；花序下部的茎翼有时为针刺状。头状花序生于茎枝端；总苞卵圆形，径1.5～2.5厘米，总苞片多层，向内层渐长，疏被蛛丝毛，最内层线形或钻状披针形，中外层苞片先端有针刺，最内层先端钻状长渐尖。小花红紫色。瘦果长椭圆形，浅褐色，有多数横皱纹；冠毛白色，锯齿状。花果期5～10月。

生于山坡、草地、林缘、灌丛中，或山谷、山沟、水边或田间。

全草药用。

菊科 | 飞蓬属
一年蓬

别名：千层塔 治疟草 野蒿　　学名：*Erigeron annuus*

一年生或二年生草本。茎下部被长硬毛，上部被上弯短硬毛。基部叶长圆形或宽卵形，长4～17厘米，基部窄，成具翅长柄，具粗齿；下部茎生叶与基部叶同形，叶柄较短；中部和上部叶长圆状披针形或披针形，长1～9厘米，具短柄或无柄，有齿或近全缘；最上部叶线形；叶边缘被硬毛，两面被疏硬毛或近无毛。头状花序数个或多数，排成疏圆锥花序，总苞半球形，总苞片3层，披针形，淡绿色或褐色；外围雌花舌状，2层，上部被疏微毛，舌片平展，白色或淡天蓝色，线形，先端具2小齿；中央两性花管状，黄色，檐部近倒锥形，裂片无毛。瘦果披针形，扁，被疏贴柔毛。花期6～9月。

常生于路边旷野或山坡荒地。

全草可入药。

菊科｜风毛菊属
草地风毛菊

别名：羊耳朵 驴耳朵风毛菊　　学名：Saussurea amara

多年生草本。高20～50厘米，茎直立，具纵沟棱，棱带红褐色。基生叶与下部茎生叶披针状长椭圆形、椭圆形或披针形，长4～15厘米，全缘，稀有钝齿，叶柄长1～2厘米；中上部茎生叶有短柄或无柄，椭圆形或披针形；叶两面绿色，被柔毛及金黄色腺点。头状花序在茎枝顶端排成伞房状或伞房圆锥花序；总苞窄钟状或圆柱形，总苞片4层，外层披针形或卵状披针形，有细齿或3裂，中层与内层线状长椭圆形或线形，先端有淡紫红色、边缘有小锯齿的圆形附片；苞片绿色，背面疏被柔毛及黄色腺点。小花淡紫色。瘦果长圆形，长3毫米，4肋；冠毛白色，2层。花果期7～10月。

分布于固定沙丘、山坡湿地，盐渍化土地、荒地及四旁。种子繁殖。

全草入药。

菊科 | 风毛菊属
碱地风毛菊

别名：倒羽叶风毛菊　　学名：*Saussurea runcinata*

多年生草本。茎直立，高15～60厘米，无毛，基部有纤维状撕裂的叶鞘残迹。基生叶椭圆形、倒披针形、线状倒披针形，长4～20厘米，宽0.5～7厘米，羽状或大头羽状深裂或全裂，顶裂片线形、披针形、卵形，顶端渐尖或钝，边缘全缘或有小锯齿，侧裂片4～7对，下弯或水平开展，有时基生叶及下部茎叶不裂，线形；中上部茎叶渐小，不分裂，无柄，披针形或线状披针形；全部叶两面无毛。头状花序多数或少数，在茎枝顶端排成伞房花序或伞房圆锥花序。总苞钟状，总苞片4～6层，外层卵形或卵状披针形，顶部草质扩大，有小尖头，中层椭圆形，顶端红色膜质扩大，内层线状披针形或线形。小花紫红色，管部与檐部等长。瘦果圆柱状，黑褐色。冠毛淡黄褐色，2层，外层短，糙毛状，内层长，羽毛状。花果期7～9月。

分布于河滩湿地、盐渍化土地、沟边及四旁。种子繁殖。

菊科 | 狗娃花属
阿尔泰狗娃花

别名：狗娃花　　学名：*Heteropappus altaicus*

多年生草本。茎直立，被上曲或开展毛，上部常有腺，上部或全部有分枝。下部叶线形、长圆状披针形、倒披针形或近匙形，长2.5～10厘米，全缘或有疏浅齿；上部叶线形；叶两面或下面均被粗毛或细毛，常有腺点。头状花序单生枝端或排成伞房状；总苞半球形，总苞片2～3层，长圆状披针形或线形，背面或外层草质，被毛，常有腺，边缘膜质。舌状花15～20，有微毛，舌片浅蓝紫色，长圆状线形，长1～1.5厘米；管状花长5～6毫米，裂片不等大，有疏毛。瘦果扁，倒卵状长圆形，灰绿或浅褐色，被绢毛，上部有腺；冠毛污白或红褐色，有不等长微糙毛。花果期5～9月。

生于半固定沙地、固定沙地、覆沙的轻度盐碱地、河滩、丘陵、砾石质坡地。本区广布，代表植被。根药用。

菊科 | 蒿属
艾

别名：野艾蒿 艾蒿 荫地蒿　　学名：*Artemisia argyi*

多年生草本，有艾香气，高30～60厘米，根暗褐色，支毛根多。茎直立，上部有斜升的花序枝，全株被银白色短柔毛。下部叶有长柄，一至二回羽状分裂，裂片有齿，花期干枯；中部叶一回全裂，裂片条状披针形，全缘，基部渐狭成短柄，有托叶；上部叶小，长条状披针形，羽状3裂或不分裂，全缘。头状花序极多数，5～7个簇生或穗生于花枝的叶腋，再多数排列成复总状；有短梗；总苞4～5毫米，总苞片矩圆形，约4层，外层渐短，边缘膜质；花红褐色。瘦果长圆形，1毫米。花果期8～10月。

生长于滩区固定、半固定沙地、地埂、路边和山区沟谷、农田边。

全草入药。嫩茎叶可作蔬菜食用。

定边植物图鉴

菊科 | 蒿属
白莲蒿

别名：白蒿 万年蒿 香蒿 铁杆蒿　　学名：Artemisia stechmanniana

　　半灌木状草本。根稍粗大，木质；根状茎粗壮，茎基木质；茎多数，丛生，高50～100厘米，褐色或灰褐色，皮常剥落，初时被灰白色短柔毛。叶面绿色，有白色腺点；茎中下部叶长卵形、三角状卵形或长椭圆状卵形，长2～10厘米，二至三回栉齿状羽状分裂，第一回全裂，第二回深裂或全裂；上部叶一至二回栉齿状羽状分裂。头状花序近球形，在茎上组成开展的圆锥花序。总苞片3～4层，披针形或椭圆形；外被灰白色柔毛。瘦果狭椭圆形或狭圆锥形。花果期8～10月。

　　生于山坡、路旁、林下。

　　黄土丘陵地区典型植被。

菊科 | 蒿属
大籽蒿

别名：大白蒿 大头蒿 白蒿　　学名：Artemisia sieversiana

一二年生草本。茎单生直立，高达1.2米，纵棱明显，上部分枝多；茎、枝被灰白色微柔毛。基生叶于花期枯萎，下部与中部叶宽卵形或宽卵圆形，两面被微柔毛，长6～8厘米，宽4～6厘米，二至三回羽状全裂，每侧裂片2～3，小裂片线形或线状披针形，背面被毡状柔毛；上部叶及苞片叶羽状全裂或不裂。头状花序大，多数排成圆锥花序，总苞半球形，径3～6毫米，基部常有线形小苞叶；总苞片背面被灰白色微柔毛或近无毛；花冠黄色；花序托凸起，半球形，有白色托毛。雌花20～30；两性花80～120。瘦果长圆形。花果期6～10月。

生于四旁、撂荒地、渠边、河岸等。

中等牧草。花蕾药用。

菊科 | 蒿属
黑沙蒿

别名：鄂尔多斯蒿 油蒿　　学名：Artemisia ordosica

多年生半灌木，高40～80厘米，有浓烈气味，主根粗、长，木质，红褐色；茎粗壮，直立，多分枝，老茎皮灰褐色，呈薄片状剥落；幼枝细长，褐红色。叶互生，二回羽状全裂，裂片线条形，长3～4厘米，宽1～1.5毫米，有叶柄，常弯曲，被短毛。头状花序卵形，具短梗，多数在枝端排成扩展的圆锥花序。瘦果长卵形，黑色。花果期7～10月。

分布于固定沙丘和沙质土地。

全草药用。

菊科｜蒿属
茵陈蒿

别名：因尘 绵茵陈 白茵陈 家茵陈 绒蒿 臭蒿　　学名：*Artemisia capillaris*

亚灌木状草本，植株有浓香。茎、枝初密被灰白或灰黄色绢质柔毛。枝端有密集叶丛，基生叶常成莲座状；基生叶、茎下部叶与营养枝叶两面均被棕黄或灰黄色绢质柔毛，叶卵圆形或卵状椭圆形，长2～5厘米，二回羽状全裂，每侧裂片3～5全裂，小裂片线形或线状披针形，细直，不弧曲；中部叶宽卵形、近圆形或卵圆形，长2～3厘米，一至二回羽状全裂，小裂片线形或丝线形，细直，长0.8～1.2厘米，近无毛，基部裂片常半抱茎；上部叶与苞片叶羽状5全裂或3全裂。头状花序卵圆形，稀近球形，有短梗及线形小苞片，在分枝的上端或小枝端偏向外侧生长，排成复总状花序，在茎上端组成大型、开展圆锥花序；总苞片淡黄色，无毛。瘦果长圆形或长卵圆形。花果期7～10月。

生于湿润沙地、路旁及低山坡地区。

早春二三月采摘的基生叶，嫩苗与幼叶入药，中药称"茵陈"或"绵茵陈"。幼嫩枝、叶可作菜蔬或酿制茵陈酒。鲜或干草作家畜饲料。

菊科 | 蒿属
猪毛蒿

别名：米蒿 滨蒿 臭蒿 东北茵陈蒿　　学名：Artemisia scoparia

多年生草本或一二年生草本，茎直立，高40～80厘米，根直伸，直径4～10毫米，基部膨大变粗，有多数开展的分枝，二次分枝细弱。叶互生，长1～2.5厘米，有柄，叶片二至三回羽状全裂，裂片细条形，被绢毛。小头状花序极多数，总苞片膜质，小片黄色或黄绿色。瘦果小，长卵形。花果期8～10月。

生于半干旱或半湿润地区的山坡、林缘、路旁、草原、黄土高原、荒漠边缘地区。

分布于滩区固定沙地，与黑沙蒿混生。

菊科 | 花花柴属
花花柴

别名：胖姑娘　　学名：*Karelinia caspia*

多年生草本，高达30～100厘米。茎直立，粗壮，多分枝，中空。幼枝密被糙毛或柔毛，老枝有疣状突起。叶质厚卵圆形，长1.5～6厘米，基部有圆形或戟形小耳，抱茎，全缘，近肉质，两面被糙毛至无毛。头状花序3～7朵排成伞房状；总苞卵圆形或短圆柱形，总苞片约5层，外层卵圆形，内层长披针形，外面被短毡状毛。小花黄或紫红色；雌花花冠丝状，花柱分枝细长；两性花花冠细管状；冠毛白色，雌花冠毛纤细，有疏齿，两性花及雄花冠毛上端较粗厚。瘦果圆柱形，有4～5棱，无毛。花期7～9月，果期9～10月。

生于荒漠地带的盐生草甸，盐渍化低地，平沙地、灌溉农田、戈壁等。本区分布于盐湖边草甸。

优良固沙植物。

菊科 | 火绒草属
火绒草

别名：火绒蒿 大头毛香　　学名：*Leontopodium leontopodioides*

多年生草本。根茎有多数簇生花茎和根出条。花茎高达45厘米，被灰白色长柔毛或白色近绢状毛。叶线形或线状披针形，长2～4.5厘米，宽2～5毫米，上面灰绿色，被柔毛，下面被白或灰白色密棉毛或被绢毛。苞叶少数，长圆形或线形，两面或下面被白或灰白色厚茸毛，与花序等长或较长，在雄株开展成苞叶群，在雌株直立，不形成苞叶群。头状花序雌株径0.7～1厘米，密集，稀1个或较多，在雌株常有较长花序梗排成伞房状；总苞半球形，长4～6毫米，被白色棉毛，总苞片约4层，稍露出毛茸。小花雌雄异株，稀同株；雄花花冠长3.5毫米，窄漏斗状，雌花花冠丝状，长4.5～5毫米；冠毛白色。瘦果有乳突或密粗毛。花果期7～10月。

生于干旱草原、黄土坡地、石砾地、山区草地。全草药用。

菊科 | 蓟属
刺儿菜

别名：大蓟 小蓟　　学名：*Cirsium arvense* var. *integrifolium*

多年生草本，根茎长，直伸。茎直立，高20～80厘米，被丝状毛。基生叶和中部茎叶椭圆形、长椭圆形或椭圆状倒披针形，长7～15厘米，宽2～6厘米，顶端钝尖或圆形，基部楔形，上部茎叶渐小，叶缘有细密的针刺或叶缘有刺齿。头状花序单生于茎顶，或植株含少数或多数头状花序在茎顶端排成伞房花序；总苞卵形、长卵形或卵圆形，总苞片多层约6层，覆瓦状排列，具刺；花冠紫红色或白色，雌花花冠约2.4厘米。瘦果椭圆形，淡黄色，冠毛羽状，污白色。花果期5～9月。

山滩均有分布，生于农田、地边、草地和坡原地。种子繁殖。

全草入药。

菊科 | 菊属
甘菊

别名：北菊 山菊 野菊　　学名：Chrysanthemum lavandulifolium

多年生草本，高20～40厘米，地下茎匍匐状。茎多数，疏散丛生，直立，上部多分枝。叶互生，基生和茎下部叶花期枯萎，叶二回羽状分裂，一回全裂，二回半裂或浅裂，裂片狭条形；茎上部叶长条形，常不分裂。头状花序单生茎端和枝端，直径2～3厘米，2～5个排成伞房花序，花梗长；总苞片被柔毛，褐色，膜质；舌状花黄色。瘦果，多数。花果期6～10月。

生长于黄土丘陵区山坡和荒地。种子或分根繁殖。

花期长，可作绿化地被植物。全草入药。

菊科 | 苦苣菜属
苣荬菜

别名：苦菜 苦苣菜 苦苣 甜苣　　学名：Sonchus wightianus

多年生草本，高10～40厘米，有白色微毛，根茎横生，从根茎节生出茎枝，老根红褐色，幼根乳白色，茎和叶有乳汁。基生叶多数丛生，莲座状，条状披针形，长7～15厘米，宽1～2厘米，顶端钝或尖，基部下延成短叶柄，叶全缘或不规则羽裂，戟状，边缘有小齿；茎生叶互生，向上渐小，不规则羽裂，戟形，边缘有小齿，基部稍抱茎。头状花序顶生，多数呈伞房状聚伞花序；总苞7～10毫米，舌状花黄色。瘦果狭披针形，稍扁平，冠毛白色。花果期6～8月。

山滩均有分布，生于农田、地边埂、坡原和沟谷。种子繁殖或分根繁殖。

全草入药。嫩根、茎、叶可食用，味微苦，是主要山野菜。

菊科｜苦荬菜属
抱茎苦荬菜

别名：抱茎小苦荬 苦碟子 苦荬菜　　学名：Ixeris sonchifolia

多年生草本，高15～60厘米。茎直立，上部分枝。基生叶莲座状，匙形、长倒披针形或长椭圆形，边缘有锯齿，顶端圆形或急尖；中下部茎叶长椭圆形、匙状椭圆形、倒披针形或披针形，羽状浅裂或半裂，向基部扩大，心形或耳状抱茎；上部茎叶及接花序分枝处的叶心状披针形，边缘全缘，顶端渐尖，向基部心形或圆耳状扩大抱茎。头状花序在茎枝顶端排成伞房花序或伞房圆锥花序，含舌状小花约17枚。总苞圆柱形。舌状小花黄色。瘦果黑色，纺锤形，有10条高起的钝肋。冠毛白色。花果期3～5月。

山滩均有广泛分布，生于农田、地埂、坡原和沟谷。种子繁殖或分根繁殖。全草入药。

菊科 | 蓝刺头属
砂蓝刺头

别名：刺头 火绒草　　学名：*Echinops gmelinii*

一年生草本，高20～50厘米，主根细圆锥形，茎枝淡黄色，中下部有分枝。叶互生，条状披针形，无柄，长2～5厘米，宽3～5毫米，顶端锐尖，基部半抱茎，边缘有白色锐硬刺，两面淡黄绿色。复头状花序单生枝端，球形，直径3～3.5厘米，淡蓝色；小头状花的外总苞为白色冠毛状刚毛，完全分离。花冠筒白色；裂片5，淡蓝色。小瘦果密生绒毛。花果期6～9月。

固定沙地、硬梁地、白于山坡地、林下和沟谷广有分布。种子繁殖。

根入药。

菊科 | 苓菊属
蒙疆苓菊

别名：鸡毛狗　　学名：*Jurinea mongolica*

多年生草本，高达25厘米。茎基密被棉毛及残存褐色叶柄。茎粗壮，分枝，茎枝被蛛丝状棉毛至无毛。基生叶长椭圆形或长椭圆状披针形，叶柄长2~4厘米，叶羽状深裂、浅裂或齿裂，侧裂片3~4对，侧裂片长披针形或长椭圆状披针形，裂片全缘，反卷；茎生叶与基生叶同形或披针形或倒披针形并等样分裂或不裂；茎生叶两面几同色，灰绿色，疏被蛛丝毛。头状花序大，单生枝端；总苞碗状，绿或黄绿色，总苞片4~5层，革质；苞片革质，直立。花冠红色。瘦果淡黄色，倒圆锥状，无刺瘤；冠毛褐色，冠毛短羽毛状，宿存。花期5~8月。

分布于新疆东北部（阿勒泰市）、内蒙古西部、宁夏北部及陕西北部。

见于长城沿线风沙滩地，已非常濒危。

茎基棉毛药用。

菊科 | 漏芦属
漏芦

别名：祁州漏芦 土烟叶 和尚头　　学名：*Lactuca sativa*

多年生草本，6（~30）~100厘米。根状茎粗厚。茎直立，不分枝，簇生或单生，灰白色，被棉毛，基部残存褐色的叶柄。基生叶及下部叶椭圆形、长圆形、倒披针形，长10~24厘米，宽4~9厘米，羽状深裂或全裂，有长叶柄，叶柄长6~20厘米。侧裂片5~12对，椭圆形或倒披针形，边缘有锯齿或锯齿较大而使叶呈现二回羽状分裂状态。中上部茎叶渐小，与基生叶及下部叶同形。全部叶质地柔软，两面灰色，被稠密的蛛丝毛和黄色小腺点。头状花序单生茎顶，花序梗粗壮；总苞半球形，3.5~6厘米；总苞片约9层，覆瓦状排列；全部苞片顶端有膜质附属物，宽卵形或近圆形，浅褐色；全部小花两性，管状，花冠紫红色；冠毛褐色，刚毛糙毛状。花果期4~9月。

生于山坡丘陵。

根及根状茎入药。

菊科 | 麻花头属
麻花头

别名：驴耳朵　　学名：*Klasea centauroides*

多年生草本，根横生，暗褐色。茎直立，高30～50厘米，不分枝或上部少分枝，茎有棱，有柔毛，基部有残存的茎叶基。基生叶多数，有长叶柄，叶椭圆形，长8～12厘米，宽3～5厘米，羽状深裂，裂片全缘，有疏齿；上部叶长椭圆形，小于基生叶，无叶柄，羽状深裂，裂片狭细，全缘，边缘有小齿。头状花序2～5个单生于茎和枝端，具长梗；总苞片卵形，2～3厘米，苞片5层，外层较短，三角形，锐尖；花冠紫红色。瘦果长卵形，有棱，冠毛黄色。

生长于山区沟谷和较湿润坡洼。种子繁殖。

菊科 | 蒲公英属
多裂蒲公英

别名：婆婆丁　　学名：*Taraxacum dissectum*

多年生草本。根颈部密被黑褐色残存叶基，叶腋有褐色细毛。叶线形，长2～5厘米，宽3～10毫米，羽状全裂，顶端裂片长三角状戟形，全缘，先端钝或急尖，每侧裂片3～7片，裂片线形，裂片先端钝或渐尖，全缘，裂片间无齿或小裂片，两面被蛛丝状短毛，叶基有时显紫红色。花葶1～6，长于叶，高4～7厘米，花时常被丰富蛛丝状毛；头状花序直径约1～2.5厘米；总苞钟状，总苞片绿色，先端常显紫红色，无角；外层总苞片卵圆形至卵状披针形，伏贴，中央部分绿色，具有宽膜质边缘；内层总苞片长为外层总苞片的2倍；舌状花黄色或亮黄色，花冠喉部的外面疏生短柔毛，舌片长7～8毫米，边缘花舌片背面有紫色条纹，柱头淡绿色。瘦果淡灰褐色，中部以上具大量小刺，以下具小瘤状突起；冠毛白色。花果期6～9月。

生于沙地、平坦沙地、盐化草甸和下湿地。

菊科 | 蒲公英属
华蒲公英

别名：碱地蒲公英　　学名：*Taraxacum sinicum*

多年生草本，根直伸，根茎基部有残留叶茎。叶基生，多数，莲座状，狭披针形，长4～12厘米，宽1～2厘米，外层叶羽状浅裂，侧裂片4～7对，顶裂片大，全缘；内层叶羽状深裂，具波状齿；叶柄和下面叶脉紫色。花葶1个至数个，长于叶，直立，头状花序下被丝状毛，总苞8～12毫米，淡绿色，总苞片3层；舌状花黄色，瘦果淡褐色，冠毛长，白色。花果期6～8月。

分布于轻度盐碱滩地和草地。种子繁殖。

全草入药。嫩叶可作野菜食用。

菊科 | 蒲公英属
蒲公英

别名：蒙古蒲公英 黄花地丁 婆婆丁 姑姑英　　学名：*Taraxacum mongolicum*

多年生草本，根直伸，无茎，全株含乳汁。叶基生，多数，莲座状，平展，倒披针形，长5～15厘米，宽1.5～3厘米，羽状深裂，侧裂片4～5对，三角形，具齿，顶裂片较大，羽状浅裂或具波状齿，基部狭成短叶柄。花葶1个至数个，长于叶，上端密被丝状毛。总苞淡绿色，外被白色柔毛；舌状花黄色。瘦果深灰色，冠毛长，白色，伞状。花果期6～8月。

全县农田、荒地、沙地和坡地均有分布。种子繁殖。

全草入药。嫩叶可作野菜食用。

菊科 | 秋英属
秋英

别名：波斯菊 沙蒿玫 大波斯菊　　学名：*Cosmos bipinnatus*

一年生草本，高50～120厘米，茎枝淡褐色，具纵沟槽，上部多分枝，纤细。下部叶早脱落，中上部叶对生，二回羽状深裂，裂片线形，叶长8～15厘米。头状花序顶生，花梗长15～20厘米，纤细；舌状花红色、粉红色、紫红色或白色，舌片7，椭圆状倒卵形，顶端3～5圆钝齿；管状花黄色。花果期6～9月。

原产于美洲，现院落、路边、广场多有栽培。花期长，花色鲜艳多样，供观赏。种子繁殖，有自播繁衍能力。

菊科 | 乳苣属
乳苣

别名：蒙山莴苣 苦菜　　学名：*Lactuca tatarica*

多年生草本，高20～70厘米。茎直立，上部分枝。下部叶长圆状披针形，质厚，长5～12厘米，宽1～3厘米，倒向羽状深裂或浅裂，基部具翼短柄并抱茎；中部叶与下部叶同形，向上渐小，全缘抱茎，无柄。头状花序多数在茎顶端组成圆锥花序；总苞圆柱形，总苞3～4层，紫红色；舌状花蓝紫色或紫色。瘦果长圆状线形，冠毛白色。花果期6～9月。

全县广布。生于田野、沙荒地、山坡草地、河滩、轻盐渍化土地。

俗称苦菜，本区主要早春野菜之一。全草入药。

菊科 | 猬菊属
刺疙瘩

别名：青海鳍蓟　　学名：*Olgaea tangutica*

多年生草本，高50～80厘米。地下茎毛根状，暗褐色，茎疏被蛛丝毛，有长分枝，茎生叶基部两侧沿茎下延成茎翼。茎生叶与基生叶同形，等样分裂或边缘具刺齿或针刺；最上部叶或接头状花序下部的叶最小；叶长宽条形，长15～35厘米，宽2～3厘米，全缘，叶及茎翼革质，上面绿色，有光泽，下面灰白色，密被绒毛，开花期枯萎。头状花序单生枝顶，多个呈总状；总苞宽卵形，直径2.5～3厘米，苞片多层，条状披针形，顶端针刺状，稍外反；花冠紫色或蓝紫色。瘦果长4～5毫米，稍扁，冠毛黄色。花果期6～9月。

生长于平缓沙地、丘间低地、山坡、地埂。种子繁殖。

根、叶药用。

菊科 | 猬菊属
火媒草

别名：鳍蓟 白山蓟 火草疙瘩　　学名：*Olgaea leucophylla*

多年生草本，高15～80厘米，茎枝灰白色，密被蛛丝状绒毛，茎生叶沿茎下延成茎翼，翼宽1.5～2厘米。基生叶多数，长矩圆状披针形，长15～25厘米，宽2～3厘米，不规则羽状浅裂，叶缘和裂片顶端具锐刺齿；茎生叶互生，往上渐小，基部沿茎下延成翼，全缘或羽状浅裂，边缘具锐刺齿；叶面绿色，下面密被灰白色棉毛；基生叶花期枯萎。头状花序单生枝顶或单生枝顶部叶腋，多个成总状；总苞片宽卵形，直径2.5～3厘米，苞片多层，外层渐短，条状披针形，顶端针刺状，稍外反；花冠紫红色，5裂。瘦果矩圆形，长约1厘米，苍白色，稍扁，冠毛苍黄色。

生长于平缓沙地、丘间低地、山坡、地埂。种子繁殖。

根、叶药用。

菊科 | 向日葵属
菊芋

别名：洋姜 洋蔓蔓　　学名：*Helianthus tuberosus*

多年生草本，高1～3米，具块状地下茎，茎直立，上部分枝（花茎），被短糙毛，主干叶对生，上部叶互生，矩卵形至卵状披针形或尖卵形，长10～15厘米，宽3～8厘米，上面粗糙，下面有柔毛，全缘，边缘有锯齿，顶端急尖或渐尖，基部宽楔形，叶柄长3～5厘米，有狭翅。头状花序数个生于枝顶；舌状花淡黄色，筒状花橘黄色。瘦果楔形，灰棕色。花期8～9月底。

分布于房前屋后、地边埂、菜园，适应性强，种植一次连续多年收获。块茎繁殖。块根可食，作蔬菜或加工酱菜。

块根、茎、叶药用。

菊科 | 向日葵属
向日葵

别名：葵花 花葵 向阳花　　学名：*Helianthus annuus*

一年生高大草本，高1~3米，茎直立，粗壮，被粗硬刚毛，髓心发达。叶互生，心状卵圆形或卵圆形，长10~30厘米，顶端渐尖或急尖，基部截形或心形，全缘，边缘具粗锯齿，两面被糙毛，有长叶柄，上面中间有凹槽。头状花序单生于茎端，直径15~35厘米，总苞片卵圆形或卵状披针形，顶端尾状渐尖；舌状花黄色，舌片开展，长圆形，不结实；管状花棕色或紫色，有披针形裂片，结实；花托平，托片膜质。瘦果稍扁，黑色、灰白色或条纹色；冠毛芒状，脱落。花期7~9月，果期8~9月。

作经济作物广泛种植。种子繁殖。

葵花盘、叶、种子药用。

菊科 | 旋覆花属
蓼子朴

别名：沙地旋覆花　　学名：Inula salsoloides

多年生草本，茎多分枝，直立，地下茎横走。茎高30～40厘米，叶互生，披针状或条形，长5～10毫米，宽1～3毫米，全缘，顶端圆钝，基部较宽，有小耳，半抱茎，叶下面有短毛，叶常弯曲。头状花序单生于枝顶，直径1～1.5厘米，总苞片4～5层，外层渐小，黄绿色，膜质，有睫毛；舌状花瓣黄色，顶端有3小齿。瘦果，上端有白色冠毛，种子多数。花果期6～9月。

分布于滩区沙质土草地、固定沙地灌丛间和盐碱草滩。种子繁殖。

花及全草入药。

菊科 | 旋覆花属
旋覆花

别名：金佛花 金佛草 六月菊　　学名：*Inula japonica*

多年生草本，高20～40厘米。茎直立，从基部多分枝，丛生状；叶互生，矩圆状披针形，全缘，边缘有小锯齿，顶端渐尖，基部楔形，半抱茎，有2小耳，叶长4～6厘米，宽2～3厘米。头状花序顶生和腋生，有花多个，总花梗长2～4厘米，被柔毛；总苞片4～5层，条状披针形，有睫毛；舌状花黄色，舌片条形，长10～15毫米。瘦果圆柱形，具白色冠毛，种子多数。花果期6～9月。

滩区草滩、林缘和山区沟谷有分布。种子繁殖。花、根、叶药用。

菊科 | 鸦葱属
拐轴鸦葱

别名：叉枝鸦葱 紫花拐轴鸦葱　　学名：*Scorzonera divaricata*

多年生草本，高20～70厘米。根垂直直伸。茎直立，自基部多分枝，分枝铺散或直立或斜升，全部茎枝灰绿色，纤细。叶线形，长1～9厘米，宽1～3毫米，常卷曲成明显或不明显钩状，向上部的茎叶短小。头状花序单生茎枝顶端，形成伞房状花序，具4～5枚舌状小花；总苞狭圆柱状。舌状小花黄色。瘦果圆柱状，有约10条纵肋，淡黄色或黄褐色。冠毛污黄色；其中3～5根超长，在与瘦果连接处有蛛丝状毛环。全部冠毛羽毛状，羽枝蛛丝毛状，但冠毛的上部为细锯齿状。花果期5～9月。

生于荒漠地带干河床、沟谷中及沙地中的丘间低地、固定沙丘上。

全草入药。

菊科 | 鸦葱属
鸦葱

别名：罗罗葱 谷罗葱 笔管草 老观笔　　学名：*Scorzonera austriaca*

多年生草本，高达42厘米。茎簇生，无毛，茎基密被棕褐色纤维状撕裂鞘状残遗物。基生叶线形、窄线形、线状披针形、线状长椭圆形、线状披针形或长椭圆形，长3~35厘米，向下部渐窄，具翼长柄，柄基鞘状，边缘平或稍皱波状，两面无毛或沿基部边缘有蛛丝状柔毛；茎生叶鳞片状，披针形或钻状披针形，基部心形，半抱茎。头状花序单生茎端；总苞圆柱状，径1~2厘米，总苞片约5层，背面无毛，外层三角形或卵状三角形，中层偏斜披针形或长椭圆形，内层线状长椭圆形；舌状小花黄色；冠毛淡黄色，长1.7厘米，大部为羽毛状。瘦果圆柱状。花果期4~7月。

生于山坡、草滩及河滩地。

菊科 | 亚菊属
灌木亚菊

别名：灌木艾菊　灌木艾蒿　小黄亚菊　　学名：*Ajania fruticulosa*

小亚灌木。老枝麦秆黄色，花枝灰白或灰绿色，被柔毛。茎中部叶圆形、扁圆形、三角状卵形、肾形或宽卵形，长0.5～3厘米，二回掌状或掌式羽状3～5裂，一至二回全裂；一回侧裂片1对或不明显2对，常3出；中上部和中下部的叶掌状3～4全裂或掌状5裂，或茎叶3裂，叶有柄；小裂片线状钻形、宽线形、倒长披针形，宽0.5～5毫米，两面均灰白或淡绿色，被贴伏柔毛；叶耳一回分裂，无柄。总苞钟状，径3～4毫米，总苞片4层，边缘白或带浅褐色膜质，外层卵形或披针形，被柔毛，麦秆黄色，中内层椭圆形，长2～3毫米；边缘雌花细管状，冠檐3～5齿。花果期6～10月。

生于荒漠、荒漠草原、沙化山坡。

菊科 | 联毛紫菀属
联毛紫菀

别名：荷兰菊　　学名：*Aster novi-belgii*

多年生草本。株高50～100厘米。叶片椭圆形，头状花序，单生，蓝色。菊科多年生宿根草本花卉，有地下走茎，茎丛生、多分枝，叶呈线状披针形，光滑，幼嫩时微呈紫色，在枝顶形成伞状花序，花色蓝紫或玫红，花期10月。

花繁色艳，适应性强，近年来在园林绿化中广泛栽培。

菊科 | 栉叶蒿属
栉叶蒿

别名：蓖叶蒿　　学名：*Neopallasia pectinata*

　　一年或二年生草本。茎自基部分枝或不分枝，直立，高10～40厘米，常带淡紫色，被稠密的白色绢毛。叶长圆状椭圆形，栉齿状一至二回羽状全裂，裂片线状钻形，无毛，无柄，叶向上逐渐变更小。头状花序无梗或近无梗，卵形或狭卵形，单生或数个集生于叶腋，多数头状花序在小枝或茎中上部排成紧密的穗状或狭圆锥状花序；总苞片宽卵形，草质，有宽的膜质边缘，外层稍短；内层较狭。边缘的雌性花3～4个，花冠狭管状，全缘；中心花两性，9～16个，全部两性花花冠5裂，黄色，有时带粉红色。瘦果椭圆形，深褐色，具细沟纹，在花托下部排成一圈。花果期8～9月。

　　生于荒漠、河谷砾石地及山坡荒地。

　　本区见于长城沿线沙地。

香蒲科 | 香蒲属
水烛

别名：狭叶香蒲　蒲草　　学名：*Typha angustifolia*

多年生沼生草本，根茎粗壮。高1.5米以上，茎直立，具白色髓。叶狭条形，基生，宽0.5～1厘米，基部呈鞘状抱茎。肉穗状花序圆柱形，雄花序在上，雌花序在下，不连接，间距1～10厘米；雄花序长20～30厘米，雌花序长10～30厘米，成熟时直径1～2.5厘米，红褐色。小坚果无沟。花期6～7月，果期9月。

北部沙区海子、积水湿地有小片状分布。分根繁殖。

雌花序称蒲毛（绒），可作填充物。花粉入药，称"蒲黄"。

禾本科 | 白茅属
白茅

别名：毛启莲 红色男爵白茅　　学名：*Imperata cylindrica*

多年生草本，具粗壮的长根状茎。秆直立，高30～80厘米，具1～3节，节无毛。叶鞘聚集于秆基，老后破碎呈纤维状；叶舌膜质；分蘖叶片长约20厘米，扁平，质地较薄；秆生叶片长5厘米左右，窄线形，通常内卷，顶端渐尖呈刺状，质硬，被有白粉，基部上面具柔毛。圆锥花序稠密，长20厘米，宽达3厘米，小穗长5毫米左右；两颖草质及边缘膜质，近相等，具5～9脉，常具纤毛；第一外稃卵状披针形，长为颖片的2/3，透明膜质，无脉，顶端尖或齿裂，第二外稃与其内稃近相等，长约为颖之半，卵圆形，顶端具齿裂及纤毛。颖果椭圆形，胚长为颖果之半。花果期4～6月。

生于沟边、下湿地、山坡、田边等。

田间主要杂草之一；有一定固沙作用。优良牧草。造纸材料。

禾本科 | 冰草属
冰草

别名：野麦子 扁穗冰草 羽状小麦草　　学名：*Agropyron cristatum*

多年生草本。须根稠密，外有沙套。秆直立或于基本的节处微曲，高25～60厘米，有2～3个节。叶片长5～15厘米，宽2～5毫米，质较硬而粗糙，常内卷，上面叶脉强烈隆起成纵沟，脉上密被微小短硬毛。穗状花序较粗壮顶生，长2～6厘米，宽8～15毫米；小穗紧密平行排列成两行，整齐呈篦齿状，含3～7小花，长6～10毫米；颖舟形，脊上连同背部脉间被长柔毛，第一颖长2～3毫米，第二颖长3～4毫米，具略短于颖体的芒；外稃被有稠密的长柔毛或显著地被稀疏柔毛，顶端具短芒长2～4毫米；内稃脊上具短小刺毛。花果期7～9月。

生于干燥草地、山坡、丘陵以及沙地。

为牧草，是中等催肥饲料。

禾本科 | 冰草属
沙芦草

别名：蒙古冰草　　学名：*Agropyron mongolicum*

秆成疏丛，直立，高20～60厘米，有时基部横卧而节生根成匍茎状，具2～3（～6）节。叶片长5～15厘米，宽2～3毫米，内卷成针状，叶脉隆起成纵沟，脉上密被微细刚毛。穗状花序长3～9厘米，宽4～6毫米，穗轴节间长3～5（～10）毫米，光滑或生微毛；小穗向上斜升，长8～14毫米，宽3～5毫米，含2（～3）～8小花；颖两侧不对称，具3～5脉，先端具长短尖头，外稃无毛或具稀疏微毛，具5脉，先端具短尖头，第一外稃长5～6毫米，内稃脊具短纤毛。

生于干燥草原、沙地。产自内蒙古、山西、陕西、甘肃等省区，本区分布于北部固定沙地道路边。

固沙植物；为良好的牧草，各种家畜均喜食。

禾本科 | 大麦属
芒颖大麦草

别名：芒麦草　　学名：*Hordeum jubatum*

多年生中生草本。秆丛生，直立或基部稍倾斜，平滑无毛，高30～50厘米，径约2毫米，具3～5节。叶鞘下部者长于节间而中部以上者短于节间；叶舌干膜质、截平，长约0.5毫米；叶片扁平，粗糙，长6～12厘米，宽1.5～3.5毫米。穗状花序柔软，绿色或稍带紫色，长约10厘米（包括芒）；穗轴成熟时逐节断落，节间长约1毫米，棱边具短硬纤毛；三联小穗两侧者各具长约1毫米的柄，两颖为长5～6厘米弯软细芒状，其小花通常退化为芒状，稀为雄性；中间无柄小穗的颖长4.5～6.5厘米，细而弯；外稃披针形，具5脉，长5～6毫米，先端具长达7厘米的细芒；内稃与外稃等长。花果期5～8月。

生长于路旁或田野。

可作景观地被开发利用。

禾本科 | 拂子茅属
拂子茅

别名：林中拂子茅 密花拂子茅　　学名：*Calamagrostis epigeios*

多年生草本，具根状茎。秆直立，平滑无毛或花序下稍粗糙，高45～100厘米。叶鞘平滑或稍粗糙；叶舌膜质，长圆形，先端易破裂；叶片长13～27厘米，宽4～8毫米，扁平或边缘内卷，上面及边缘粗糙，下面较平滑。圆锥花序紧密，圆筒形，劲直、具间断，长10～25厘米，分枝粗糙；小穗长5～7毫米，淡绿色或带淡紫色；两颖近等长或第二颖微短，先端渐尖，具1脉，第二颖具3脉，主脉粗糙；外稃透明膜质，长约为颖之半，顶端具2齿，基盘的柔毛几与颖等长，芒自稃体背中部附近伸出，细直，长2～3毫米；内稃长约为外2/3，顶端细齿裂；小穗轴不延伸于内稃之后，或有时仅于内稃之基部残留1微小的痕迹。花果期5～9月。

生于河漫滩沙地、河湖谷地、丘间低地、轻度盐碱化草地及河岸沟渠旁。

优良牧草；其根茎顽强，抗盐碱土壤，又耐强湿，是固定泥沙、保护河岸的良好材料。

禾本科 | 拂子茅属
假苇拂子茅

别名：假苇子　　学名：*Calamagrostis pseudophragmites*

多年生草本，具横走的根状茎。秆直立，高40～120厘米。叶鞘平滑无毛，或稍粗糙，短于节间，有时在下部者长于节间；叶舌膜质，长4～9毫米，长圆形，顶端钝而易破碎；叶片长10～30厘米，宽1.5～7毫米，扁平或内卷，上面及边缘粗糙，下面平滑。圆锥花序长圆状披针形，疏松开展，长10～35厘米，宽2～4厘米，直立；小穗长5～7毫米，草黄色或紫色；颖线状披针形，成熟后张开，顶端长渐尖，不等长，第二颖较第一颖短，具1脉或第二颖具3脉，主脉粗糙；外稃透明膜质，长3～4毫米，具3脉，顶端全缘，芒自顶端或稍下伸出，细直，细弱，长1～3毫米；内稃长为外稃的1/3～2/3。花果期7～9月。

生于沙区的丘间低地、湖岸、河岸阴湿之处及山坡草地。优良牧草；生命力强，可作为防沙固堤的材料。

禾本科 | 高粱属
高粱

别名：蜀黍　　学名：*Sorghum bicolor*

一年生草本。秆较粗壮，直立，高3～5米，横径2～5厘米，基部节上具支撑根。具叶鞘；叶舌硬膜质，先端圆，边缘有纤毛；叶片线形至线状披针形，长40～70厘米，宽3～8厘米，先端渐尖，基部圆或微呈耳形，两面无毛，边缘软骨质，具微细小刺毛，中脉较宽，白色。圆锥花序疏松，主轴裸露，长15～45厘米，宽4～10厘米，总梗直立或微弯曲；每一总状花序具3～6节，节间粗糙或稍扁；无柄小穗倒卵形或倒卵状椭圆形，基盘纯，有髯毛；两颖均革质，上部及边缘通常具毛，初时黄绿色，成熟后为淡红色至暗棕色；第一颖背部圆凸，上部1/3质地较薄，具12～16脉；第二颖7～9脉，背部圆凸；外稃透明膜质，第一外稃披针形，边缘有长纤毛；第二外稃披针形至长椭圆形，具2～4脉，顶端稍2裂，自裂齿间伸出一膝曲的芒，芒长约14毫米。颖果两面平凸，淡红色至红棕色，顶端微外露。花果期6～9月。

栽培作物，广泛栽培。

种子为酿酒原料。

禾本科 | 高粱属
苏丹草

别名：野高粱　　学名：*Sorghum sudanense*

一年生草本；须根粗壮。秆较细，高1~2.5米，单生或自基部发出数支多秆而丛生。叶鞘基部者长于节间，上部者短于节间；叶舌硬膜质，棕褐色，顶端具毛；叶片线形或线状披针形，长15~30厘米，宽1~3厘米，上面晴绿色或嵌有紫褐色的斑块，背面淡绿色，中脉粗，在背面隆起，两面无毛。圆锥花序狭长卵形至塔形，较疏松，长15~30厘米，宽6~12厘米，主轴具棱，棱间具浅沟槽，分枝斜升开展，细弱而弯曲，具小刺毛而微粗糙，每一分枝具2~5节，具微毛。无柄小穗长椭圆形或长椭圆状披针形；第一颖纸质，边缘内折，具11~13脉，第二颖背部圆凸，具5~7脉，脉间亦具横脉；第一外稃椭圆状披针形，透明膜质，无毛或边缘具纤毛；第二外稃卵形或卵状椭圆形，顶端具0.5~1毫米的裂缝，自裂缝间伸出长10~16毫米的芒。颖果椭圆形至倒卵状椭圆形，长3.5~4.5毫米。花果期7~9月。

原产于非洲，引种广泛栽培。

优良饲草。

禾本科 | 狗尾草属
狗尾草

别名：谷莠子　　学名：*Setaria viridis*

一年生草本。具支持根。秆直立或基部膝曲，高30～100厘米。叶鞘松弛，边缘具较长的密棉毛状纤毛；叶舌极短，缘有长1～2毫米的纤毛；叶片扁平，线状披针形，长4～30厘米，宽2～18毫米，边缘粗糙。圆锥花序紧密呈圆柱状或基部稍疏离，直立或稍弯垂，主轴被较长柔毛，长2～15厘米，刚毛长4～12毫米，通常绿色或褐黄到紫红或紫色；小穗2～5个簇生于主轴上或更多的小穗着生在短小枝上，椭圆形，先端钝，长2～2.5毫米，铅绿色；第一颖卵形、宽卵形，长约为小穗的1/3，先端钝或稍尖，具3脉；第二颖几与小穗等长，椭圆形，具5～7脉；第一外稃与小穗第长，具5～7脉，先端钝，其内稃短小狭窄；第二外稃椭圆形，顶端钝，具细点状皱纹；花柱基分离。颖果灰白色。花果期5～10月。

生于荒野、道旁，为旱地作物常见的一种杂草。茎叶为优良牧草。全草药用。

禾本科 | 狗尾草属
粟

别名：谷子 梁 狗尾草 黄粟 小米　　学名：Setaria italica var. germanica

一年生栽培草本。须根粗大。秆粗壮，直立，高1米或更高。叶鞘松裹茎秆，边缘密具纤毛；叶舌为一圈纤毛；叶片长披针形或线状披针形，长10～45厘米，先端尖，基部钝圆，上面粗糙，下面稍光滑。圆锥花序呈圆柱状或近纺锤状，通常下垂，长10～40厘米，宽1～5厘米，常因品种的不同而多变异，主轴密生柔毛，刚毛显著长于或稍长于小穗，黄色、褐色或紫色；小穗椭圆形或近圆球形，长2～3毫米，黄色、橘红色或紫色；第一颖具3脉；第二颖具5～9脉；第一外稃与小穗等长，具5～7脉，其内稃薄纸质，披针形；第二外稃等长于第一外稃，卵圆形或圆球形，质坚硬，平滑或具细点状皱纹，成熟后，自第一外稃基部和颖分离脱落；鳞被先端不平，呈微波状。花果期7～9月。

本区传统粮食作物，栽培历史悠久。

本种是我国北方人民的主要粮食之一。其茎叶是牲畜的优等饲料；其谷糠是猪、鸡的良好饲料。

禾本科 | 虎尾草属
虎尾草

别名：刷子头 盘草　　学名：*Chloris virgata*

一年生草本。秆直立或基部膝曲，丛生，高10~60厘米，光滑无毛。叶鞘背部具脊，包卷松弛；叶舌长约1毫米，先端具纤毛；叶片线形，长5~25厘米，宽3~6毫米，平滑或边缘及上面粗糙。穗状花序5至10余枚，长3~5厘米；小穗无柄，长约3毫米，幼时绿色，成熟时带紫色；颖膜质，1脉；第一颖长约1.8毫米，第二颖长约3毫米，具1毫米的芒；第一外稃纸质，长3毫米，两侧压扁，呈倒卵状披针形，具3脉，两边脉具白色柔毛；芒自背部顶端稍下方伸出，长5~15毫米；内稃膜质，略短于外稃，具2脊，脊上被微毛。颖果纺锤形，淡黄色，光滑无毛而半透明。花果期6~10月。

生于沙地、路旁荒野，河滩地、荒地、路旁。可作牧草。

禾本科 | 画眉草属
画眉草

别名：星星草 蚊子草　　学名：*Eragrostis pilosa*

一年生草本。秆丛生，直立、斜升或基部膝曲，高15~60厘米，通常具4节。叶鞘松裹茎，扁压，鞘口有长柔毛；叶舌为一圈纤毛，长约0.5毫米；叶片线形扁平或蜷缩，长6~20厘米，宽2~3毫米，无毛。圆锥花序开展，长10~25厘米，基部分枝近轮生，腋间有长柔毛；小穗具柄，灰绿色，成熟后变暗绿色或带紫色，长2~7毫米，含3~14小花；颖为膜质，披针形，先端渐尖。第一颖长约1毫米，无脉，第二颖长约1.5毫米，具1脉；第一外稃长约1.8毫米，广卵形，先端尖，具3脉；内稃长约1.5毫米，稍作弓形弯曲，脊上有纤毛；雄蕊3枚，花药暗紫色。颖果长圆形，长约0.8毫米。花果期8~11月。

生于沙地、荒芜田野。

固沙植物；优良饲料。

禾本科 | 芨芨草属
芨芨草

别名：席箕草　　学名：Achnatherum splendens

多年生草本。须根粗而坚韧，有白色毛状菌根，外被砂套。秆直立，坚硬，内具白色的髓，形成大的密丛，高50～200厘米，基部具3～4节，平滑无毛，基部宿存枯萎的黄褐色叶鞘。叶鞘无毛，具膜质边缘；叶舌三角形或尖披针形；叶片纵卷，质坚韧，长30～60厘米，宽5～6毫米，上面脉纹凸起，微粗糙，下面光滑无毛。圆锥花序长30～60厘米，开花时呈金字塔形开展，主轴平滑，分枝细弱，2～6枚簇生，平展或斜向上升，基部裸露；小穗长4.5～7毫米，灰绿色，基部带紫褐色，成熟后常变草黄色；颖膜质，披针形，第一颖短于第二颖；外稃长4～5毫米，厚纸质，顶端具2微齿，背部密生柔毛，具5脉，基盘钝圆，具柔毛，芒自外稃齿间伸出，粗糙，不扭转，长5～12毫米，易断落；内稃具2脉而无脊，脉间具柔毛；花药顶端具毫毛。花果期6～9月。

生于微碱性的草滩及砂土山坡上。

早春幼嫩时为牲畜良好的饲料；可编织筐、草帘、扫帚等；改良碱地，保持水土。

禾本科 | 赖草属
羊草

别名：碱草　　学名：*Leymus chinensis*

多年生草本，具根状茎；须根具沙套。秆单生或散生，直立，质硬高40～90厘米，具2～4节。叶鞘光滑，基部残留叶鞘呈纤维状，枯黄色；叶舌截平，纸质；叶片灰白色，长7～18厘米，宽3～6毫米，扁平或内卷，上面及边缘粗糙，下面较平滑。穗状花序直立，长10～15厘米；穗轴边缘具细小睫毛，节间长6～10毫米；小穗长10～22毫米，含5～10小花，通常2枚生于1节，或在上端及基部者常单生，粉绿色，成熟时变黄；颖锥状，长6～8毫米，等于或短于第一小花，不覆盖第一外稃的基部，质地较硬，具不显著3脉；外稃披针形，具狭窄膜质的边缘，顶端渐尖或形成芒状小尖头，背部具不明显的5脉，基盘光滑，第一外稃长8～9毫米；内稃与外稃等长，先端常微2裂，上半部脊上具微细纤毛或近于无毛。花果期6～8月。

生于沙地、盐碱地、盐化草甸、河谷砾石地、田间、山地下部。

耐寒、耐旱、耐碱，更耐牛马践踏，为优良牧草，可割制干草。

禾本科 | 狼尾草属
白草

别名：兰坪狼尾草　　学名：*Pennisetum flaccidum*

多年生草本，具横走根茎。秆直立，高20～100厘米。叶鞘疏松抱茎，近无毛，上部短于节间；叶舌短，具纤毛；叶片狭线形，长10～30厘米，宽3～15毫米。穗状圆锥花序呈圆柱状，直立或稍弯曲；总梗极短，长0.5毫米，顶端具关节，刚毛柔软，细弱，微粗糙，灰绿色或紫色；小穗通常单生，卵状披针形，长3～8毫米；第一颖微小，第二颖常为小穗的1/3～3/4，先端芒尖，具1～3脉；第一小花雄性，第二小花两性，第二外稃具5脉，先端芒尖，与其内稃同为纸质。颖果长圆形。花果期7～10月。

生于山坡、沙地、田埂。

优良牧草。

禾本科 | 芦苇属
芦苇

别名：蒹葭　　学名：*Phragmites australis*

多年生草本，有粗壮匍匐的根状茎。秆直立，高1～3米，节下常被白粉。叶鞘圆筒形；叶片扁平，长15～50厘米，宽1～4厘米，光滑或边缘粗糙。圆锥花序长10～40厘米，分枝多数，着生稠密下垂的小穗；小穗含4～6花；颖具3脉，第一颖长4毫米，第二颖长约7毫米；第一不孕外稃雄性，长约12毫米；第二外稃长11毫米，具3脉，顶端长渐尖，基盘延长；内稃长约3毫米，两脊粗糙。颖果长约1.5毫米。

由于芦苇的分布极广，因生长环境不同个体间变异非常大。

生于平坦沙地、小型沙丘、盐渍化土壤、下湿地和河岸。

秆为造纸原料或作编席织帘及建棚材料，茎、叶嫩时为饲料；为固堤造陆先锋环保植物。

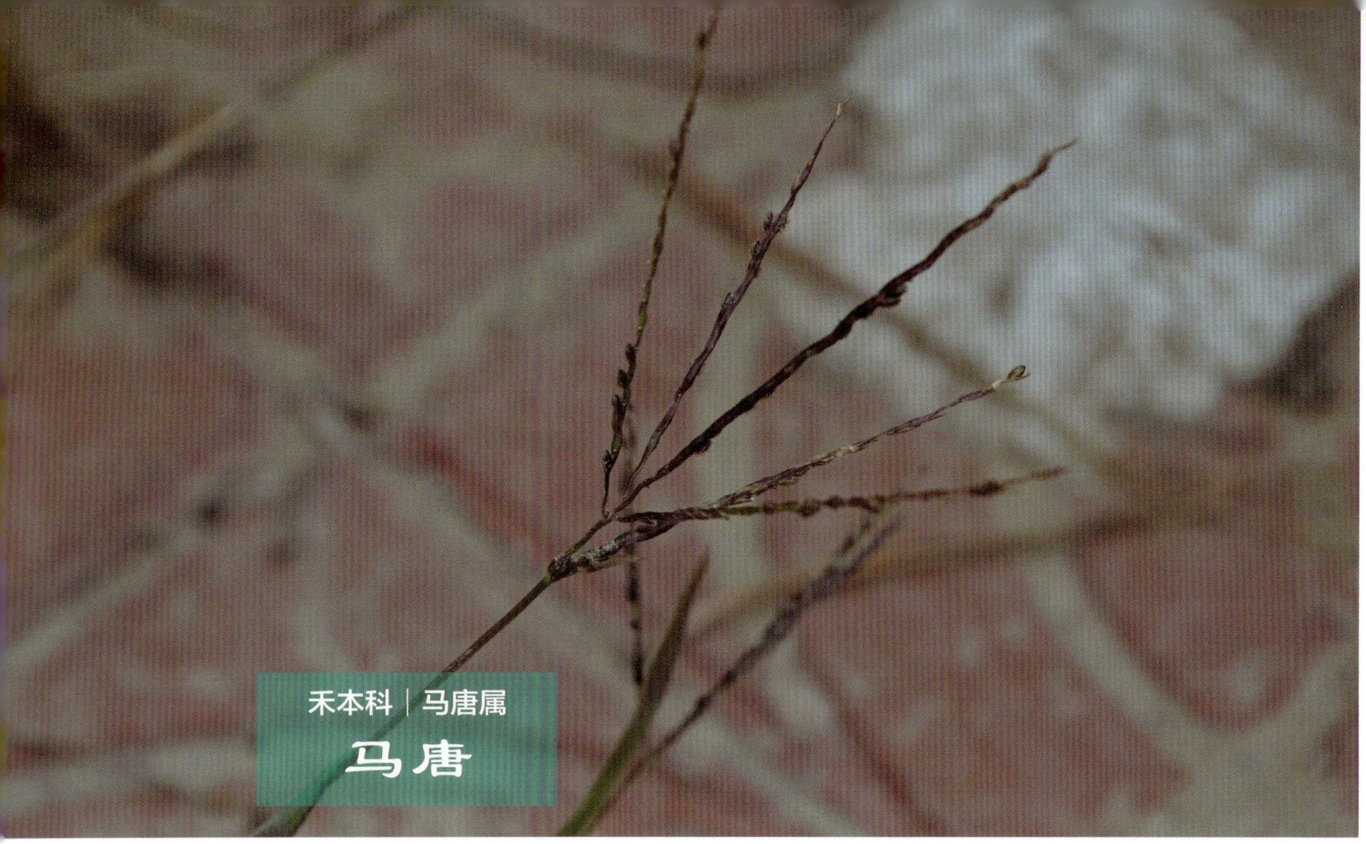

禾本科 | 马唐属
马唐

别名：蹲倒驴　　学名：*Digitaria sanguinalis*

一年生草本。秆直立或下部倾斜，膝曲上升，高10~80厘米，无毛或节生柔毛。叶鞘短于节间，无毛或散生疣基柔毛；叶舌长1~3毫米；叶片线状披针形，长5~15厘米，基部圆形，边缘较厚，具柔毛或无毛。总状花序长5~18厘米，4~12枚成指状着生于长1~2厘米的主轴上；穗轴直伸或开展，两侧具宽翼，边缘粗糙；小穗椭圆状披针形；第一颖小，短三角形，无脉；第二颖具3脉，披针形，长为小穗的1/2左右，脉间及边缘大多具柔毛；第一外稃等长于小穗，具7脉，中脉平滑，两侧的脉间距离较宽，无毛，边脉上具小刺状粗糙，脉间及边缘生柔毛；第二外稃近革质，灰绿色，顶端渐尖，等长于第一外稃。花果期6~9月。

生于路旁、田野，是一种优良牧草，但又是危害农田、果园的杂草。

禾本科 | 沙鞭属
沙鞭

别名：沙竹　　学名：*Psammochloa villosa*

多年生草本，在地下10～20厘米处有主轴分枝的根状茎，根状茎最长可达20米，节处向下生根，向上抽出新枝；水平根发达，大致向主茎两侧分布，须根密集。秆直立，基部有黄褐色枯萎叶鞘。叶鞘几包裹全部植株，叶舌披针形，膜质；叶片坚硬，长达50厘米，宽约1厘米，平滑。圆锥花序紧缩直立，最长达50厘米；分枝数枚生于主轴一侧，斜向上升，微粗糙。小穗柄短，小穗淡黄白色，长1～1.6厘米；颖草质，被微毛，3～5脉；外稃圆柱形，纸质，密被长柔毛，5～7脉，先端2微裂，芒自裂齿间伸出，长0.7～1厘米，直立，早落；内稃几等长于外稃，背部圆被柔毛，5～7脉；鳞片3，卵状捕圆形；雄蕊3，花药长约7毫米，顶生毫毛。花果期5～9月。

生于沙丘、平沙地、干河床。

本种具发达的根茎，为良好的固沙先锋植物。可作牧草、编制材料。

禾本科 | 黍属
稷

别名：糜子 黍　　学名：*Panicum miliaceum*

一年生栽培草本。秆粗壮，直立，高40～120厘米，单生或少数丛生，有时有分枝，节密被髭毛，节下被疣基毛。叶鞘松弛，被疣基毛；叶舌膜质；叶片线形或线状披针形，长10～30厘米，宽5～20毫米，两面具疣基的长柔毛或无毛，边缘常粗糙。圆锥花序开展或较紧密，成熟时下垂，长10～30厘米，分枝粗或纤细，具棱槽，边缘具糙刺毛；小穗卵状椭圆形，长4～5毫米；颖纸质，无毛，第一颖正三角形，长约为小穗的1/2～2/3，顶端尖或锥尖，通常具5～7脉；第二颖与小穗等长，通常具11脉，其脉顶端渐汇合呈喙状；第一外稃形似第二颖，具11～13脉；内稃透明膜质，短小；第二小花长约3毫米；第二外稃背部圆形，平滑，具7脉，内稃具2脉。胚乳长为谷粒的1/2，种脐点状，黑色。花果期7～10月。

本区传统栽培作物。为人类最早的栽培谷物之一，谷粒富含淀粉，供食用或酿酒，秆叶可为牲畜饲料。品种繁多，大体分为黏和不黏两类，本草纲目称黏者为黍，不黏者为稷；民间又将黏的称黍，不黏的称糜。

禾本科 | 燕麦属
莜麦

别名：油麦　　学名：*Avena chinensis*

一年生草本。须根外面常具沙套。秆直立，丛生，高40～80厘米，通常具2～4节。叶鞘松弛，鞘缘透明膜质；叶舌透明膜质，长约3毫米，顶端钝圆或微齿裂；叶片扁平，质软，长8～40厘米，宽3～16毫米，微粗糙。圆锥花序疏松开展，长12～20厘米，分枝纤细；小穗含3～6小花；小穗轴细且坚韧，常弯曲，第一节间长达1厘米；颖草质，边缘透明膜质，两颖近相等，长15～25毫米，具7～11脉；外稃无毛，草质而较柔软，边缘透明膜质，具9～11脉，顶端常2裂，第一外稃长20～25毫米，基盘无毛，背部无芒或上部1/4以上伸出1芒，其芒长1～2厘米，细弱，直立或反曲；内稃甚短于外稃，长11～15毫米，具2脊，顶端延伸呈芒尖，脊上具密纤毛。颖果长约8毫米，与稃体分离。花果期6～8月。

本区传统栽培作物，也有野生于山坡路旁、高山草甸及潮湿处。果实可磨面制粉做成各种面食，或栽培作牲畜精饲料。

禾本科 | 玉蜀黍属
玉蜀黍

别名：玉米 苞谷 珍珠米 苞芦　　学名：*Zea mays*

一年生高大草本。秆直立，通常不分枝，高1~4米，基部各节具气生支柱根。叶鞘具横脉；叶舌膜质，长约2毫米；叶片扁平宽大，线状披针形，基部圆形呈耳状，无毛或具疵柔毛，中脉粗壮，边缘微粗糙。顶生雄性圆锥花序大型，主轴与总状花序轴及其腋间均被细柔毛；雄性小穗孪生，长达1厘米，小穗柄一长一短，分别长1~2毫米及2~4毫米，被细柔毛；两颖近等长，膜质，约具10脉，被纤毛；外稃及内稃透明膜质，稍短于颖；花药橙黄色；长约5毫米。雌花序被多数宽大的鞘状苞片所包藏；雌小穗孪生，成16~30纵行排列于粗壮之序轴上，两颖等长，宽大，无脉，具纤毛；雌蕊具极长而细弱的线形花柱。颖果球形或扁球形，成熟后露出颖片和稃片之外，胚长为颖果的1/2~2/3。花果期秋季。

世界著名栽培作物，本区广泛种植。

禾本科 | 早熟禾属
硬质早熟禾

别名：扫帚草　　学名：*Poa sphondylodes*

多年生。密丛型草本。秆高30～60厘米，具3～4节，有纵条纹，节下均糙涩。叶鞘基部带淡紫色，顶生者长4～8厘米；叶舌长约4毫米，先端尖；叶片长3～7厘米，宽1毫米，稍粗糙。圆锥花序稠密，长3～10厘米，宽约1厘米；分枝长1～2厘米，4～5枚着生主轴，粗糙，小穗柄短于小穗，侧枝基部着生小穗；小穗绿色，熟后草黄色，具4～6小花；颖具3脉，先端锐尖，硬纸质，稍粗糙，第一颖稍短于第二颖；外稃坚纸质，5脉，间脉不明显，先端极窄膜质下带黄铜色，脊下部2/3和边脉下部1/2具长柔毛，基盘具中量绵毛，第一外稃长约3毫米；内稃等长或稍长于外稃，脊粗糙具微细纤毛，先端稍凹。颖果长约2毫米，腹面有凹槽。花果期6～8月。

生于山坡草原、干燥沙地。可做成扫帚。

禾本科 | 针茅属
大针茅

别名：大羽茅 高针茅　　学名：*Stipa grandis*

多年生草本。须根粗壮，常具沙套。秆高50～100厘米，具3～4节，基部宿存枯萎叶鞘。叶鞘粗糙或老时变平滑，下部者通常长于节间；基生叶舌长0.5～1毫米，钝圆，缘具睫毛，秆生者长3～10毫米，披针形；叶片纵卷似针状，上面具微毛，下面光滑，基生叶长可达50厘米。圆锥花序基部包藏于叶鞘内，长20～50厘米，分枝细弱，直立上举；小穗淡绿色或紫色；颖尖披针形，长3～4.5厘米，先端丝状，第一颖具3～4脉，第二颖具5脉；外稃长1.5～1.6厘米，具5脉，顶端关节处生1圈短毛，背部具贴生成纵行的短毛，基盘尖锐，具柔毛，长约4毫米，芒两回膝曲扭转，微糙涩，第一芒柱长7～10厘米，第二芒柱长2～2.5厘米，芒针卷曲，长11～18厘米；内稃与外稃等长，具2脉；花药长约7毫米。花果期5～8月。

生于草原地带的固定沙地、丘间低地。

大针茅是亚洲中部草原亚区最具代表性的建群植物之一。大针茅草原是我国草原地带极为重要的一类天然草场，不但适于放牧，还是干草原地带的重要割草场。

禾本科 | 针茅属
沙生针茅

别名：小针茅　　学名：*Stipa caucasica* subsp. *glareosa*

多年生草本，高10～30厘米。须根发达，外具沙套。叶鞘具密毛；基生与秆生叶舌钝圆；叶片纵卷似针状，下面粗糙或细微的柔毛。圆锥花序基部被顶生叶鞘包裹，长10厘米，分枝短，仅具1小穗；颖尖披针形，先端细丝状，基部具3～5脉，长2～3.5厘米；外稃长7～9毫米，背部毛呈条状，顶端关节处生1圈短毛，芒针长3厘米，具长约4毫米的柔毛；内稃与外稃等长。花果期5～10月。

生于石质山坡、丘间低地、戈壁沙滩、黄土丘陵、河谷阶地或路旁。

营养价值高，是优良牧草，分布分散。

禾本科｜针茅属
长芒草

别名：小羽茅 长茅草 毛芒草　　　学名：*Stipa bungeana*

多年生草本，秆丛生，高20～60厘米。叶鞘无毛或边缘具纤毛，基生者有内藏小穗，基生叶舌钝圆，秆生者披针形；叶片纵卷似针状，茎生者长3～17厘米，基生者长5～20厘米。圆锥花序基部被顶生叶鞘包裹，成熟后伸出鞘外，长10～30厘米；分枝细弱，每节2～4枚；小穗灰绿或紫色；颖近等长，边缘膜质，长0.9～1.5厘米，3～5脉，先端延伸成芒状；外稃长4.5～6毫米，5脉，背部沿脉密生毛，基盘长约1毫米，密生柔毛，芒二回膝曲、扭转，微粗糙，第一芒柱长1～1.5厘米，第二芒柱长0.5～1厘米，芒针长3～5厘米；内稃与外稃等长。内藏小穗的颖果卵圆形，被无芒、无毛之稃体紧密包裹。花果期6～8月。

生于干旱山坡、石质山坡、黄土丘陵、河谷阶地或路旁。

返青早，开花前为重要牧草。

莎草科｜三棱草属
扁秆荆三棱

别名：扁秆藨草　　学名：*Bolboschoenus planiculmis*

多年生草本。具匍匐根状茎和块茎。秆高50～80厘米，三棱形，平滑。叶扁平，宽2～5厘米，向顶部渐狭，下部具长叶鞘。叶状苞片1～3枚；长侧枝聚伞花序短缩成头状，通常具1～6个小穗；小穗卵形或长圆状卵形，锈褐色，具多数花；鳞片膜质，长圆形，褐色，具芒。小坚果宽倒卵形，扁平，两面微凹。花期5～6月，果期7～9月。

生于水边湿地或浅水处。

产于各沙区。

全草药用。

百合科 | 百合属
山丹

别名：山丹丹花 细叶百合　　学名：*Lilium pumilum*

多年生草本，根细弱，鳞茎圆锥形或长卵形，直径2～3.5厘米，具暗色薄膜；鳞茎瓣多层，矩圆形或长卵形，覆互状，长2～3.5厘米，宽1～1.5厘米，白色；茎高30～40厘米。叶互生，条形，长3～7厘米，宽2～3毫米，无毛。花1～2（～3）朵，斜垂，鲜红色或紫红色；花被片6，反卷。蒴果圆柱形，直径1.5～2厘米，膨大形，三瓣形。花期7～8月，果期8～9月。

南部山区湿润沟谷和凹地有零星分布。鳞茎或种子繁殖。供观赏。

全草药用。

百合科 | 葱属

葱

别名:红葱 大葱　　学名:*Allium victorialis*

多年生草本,鳞茎柱形,几不膨大,1~3枚簇生,鳞茎外皮暗红色,薄革质,内皮黄色或白黄色,叶半圆柱形,中空,长30~40厘米,径1~1.5厘米,顶端渐尖。花葶圆柱形,中空,高35~50厘米,1/3以下被叶鞘。伞形花序球形,多花,密集,花梗3~6毫米,花被淡红色。种子为带小叶的鳞芽。花期5~6月,果期7月。

作蔬菜调味品山滩多有种植。用鳞芽繁殖。第一年七八月采收鳞芽种植,第二年长成种鳞茎,第三年春移植,秋天采挖成品葱。

鳞茎入药。

百合科 | 葱属
碱韭

别名：羊胡子　　学名：*Allium polyrhizum*

地紧密簇生，圆柱状；鳞茎外皮黄褐色，破裂成纤维状，呈近网状，紧密或松散。叶半圆柱状，边缘具细糙齿，稀光滑，比花葶短，粗0.25～1毫米。花葶圆柱状，高7～35厘米，下部被叶鞘；总苞2～3裂，宿存；伞形花序半球状，具多而密集的花；小花梗近等长，从与花被片等长直至比其长1倍，基部具小苞片；花紫红色或淡紫红色，稀白色；花被片长3～8毫米，宽1.3～3毫米，外轮的狭卵形至卵形，内轮的矩圆形至矩圆状狭卵形，稍长；花丝等长、近等长于或略长于花被片，基部1/6～1/2合生成筒状，合生部分的1/3～1/2与花被片贴生，内轮分离部分的基部扩大，扩大部分每侧各具1锐齿，极少无齿，外轮的锥形；子房卵形，腹缝线基部深绿色，不具凹陷的蜜穴；花柱比子房长。花果期6～8月。

山坡或草地上。

百合科 | 葱属
蒙古韭

别名：沙葱　　学名：*Allium mongolicum*

多年生草本，具根状茎，鳞茎圆柱形，簇生；鳞茎外皮纤维状，松散。叶基生，多数，圆柱形，肉质，具灰绿色薄粉层，长10～20厘米，径1.5～2毫米。花葶圆柱形，伞形花序半圆形，多花，密集，花淡紫色或紫红色，花被片6，二轮，花梗长为花被近2倍，全草有辛辣味。蒴果。5月长出新叶，花期7月中旬，果期9月。

毛根发达，耐旱，适应性强，喜砂质土壤和地表覆沙土壤。北部沙地和沙梁有片状分布。种子或移根繁殖。

叶是无污染的天然蔬菜和调味品，可鲜食亦可腌制。

百合科｜葱属
细叶韭

别名：高菊花 摘蒙　　学名：*Allium tenuissimum*

多年生草本，具根状茎，鳞茎圆柱形，簇生，鳞茎外皮纤维状，膜质，褐色，内皮白色，较松散。叶基生，多数，圆柱形，草质，长10～20厘米，径1～1.5毫米，稍硬。花葶圆柱形，高25～35厘米，伞形花序半圆形，多花，密集，花淡红白色，花被片6，二轮，花梗长于花被。蒴果，苞片宿存。花期7月，果期8月底。

毛根发达，密集，适应性强，不抗盐碱。白玉山区和北坡广有分布，播种或分根繁殖。

花含芳香辛辣味，是陕北独特调料之一。花期采摘，倒碎晾干备用。食时取少许放入热油，炸出香味泼在菜上，香气四溢。

百合科 | 葱属
野韭

别名：野韭菜　　学名：*Allium ramosum*

具横生的粗壮根状茎，略倾斜。鳞茎近圆柱状；鳞茎外皮暗黄色至黄褐色，破裂成纤维状，网状或近网状。叶三棱状条形，背面具呈龙骨状隆起的纵棱，中空，比花序短，宽1.5～8毫米，沿叶缘和纵棱具细糙齿或光滑。花葶圆柱状，具纵棱，有时棱不明显，高25～60厘米，下部被叶鞘；总苞单侧开裂至2裂，宿存；伞形花序半球状或近球状，多花；小花梗近等长，比花被片长2～4倍，基部除具小苞片外常在数枚小花梗的基部又为1枚共同的苞片所包围；花白色，稀淡红色；花被片具粉红色中脉，内轮的矩圆状倒卵形，先端具短尖头或钝圆，外轮的常与内轮的等长但较窄，矩圆状卵形至矩圆状披针形，先端具短尖头；花丝等长，为花被片长度的1/2～3/4，基部合生并与花被片贴生；子房倒圆锥状球形，具3圆棱，外壁具细的疣状突起。花果期6～9月。

生于向阳山坡、草坡或草地上。

百合科 | 天门冬属
兴安天门冬

别名：山天冬 兴安冬　　学名：*Asparagus dauricus*

　　直立草本，高约30～70厘米。根细长，粗约2毫米。茎和分枝有条纹，有时幼枝具软骨质齿。叶状枝每1～6枚成簇，通常全部斜立，和分枝交成锐角，很少兼有平展和下倾的，稍扁的圆柱形，略有几条不明显的钝棱，长1～4厘米，伸直或稍弧曲，有时有软骨质齿；鳞片状叶基部无刺。花每2朵腋生，黄绿色。浆果球形，红色，直径6～7毫米。花期5～6月，果期7～9月。

　　生于固定沙地或干燥山坡上。

　　根入药。

百合科 | 萱草属
黄花菜

别名：黄花 金针 萱草　　学名：**Hemerocallis citrina**

多年生草本。具短的根状茎，须根肉质，块根纺锤状，黄褐色。叶基生，排成两列，条形，长50～80厘米，宽1.5～2厘米，背面呈龙骨状突起。花葶高60～100厘米，多花，花期长达近两月；花被长10～15厘米，黄色，裂片6，具平行脉，下部3～5厘米合生成花被筒，有很短的花梗，盛开时，花被裂片外弯。蒴果，三棱状椭圆形，有种子多数，黑色。花期6～8月。

作为一种干制蔬菜广泛栽培于田边、地埂和院落。多采用分根繁殖。

百合科 | 萱草属
萱草

别名：忘忧草　　学名：*Hemerocallis fulva*

多年生草本。具短的根状茎，须根肉质，块根纺锤形，黄褐色。叶基生，条形，长40～80厘米，宽1.3～3.5厘米。花葶粗壮，高0.6～1米；圆锥花序具6～12朵花或更多，苞片卵状披针形。花橘红或橘黄色，无香味；花梗短，花被长7～12厘米，下部2～3厘米合生成花被管。外轮花被裂片长圆状披针形，宽1.2～1.8厘米，具平行脉，内轮裂片长圆形，下部有"A"形彩斑，宽达2.5厘米，具分枝脉，边缘波状皱褶，盛开时裂片反曲；雄蕊伸出，上弯，比花被裂片短；花柱伸出，上弯，比雄蕊长。蒴果长圆形。花果期5～8月。

观赏地被植物。品种多，公园、小区、广场绿化多有栽培。

百合科 | 知母属
知母

别名：连母 野蓼 地参　　学名：*Anemarrhena asphodeloides*

多年生草本。根状茎粗壮，横生，被残存的叶鞘。叶基生，条形，长20～40厘米，宽3～4毫米，基部渐宽成鞘状。花葶圆柱形，上部为总状花序，总长40～60厘米；花2～6朵簇生，淡紫红色，具短柄。蒴果长卵形，具6棱，有短喙，种子黑色，具狭翅。花期6～7月，果期8月。

山区坡地、沟谷有分布。种子或根茎繁殖。根状茎入药。

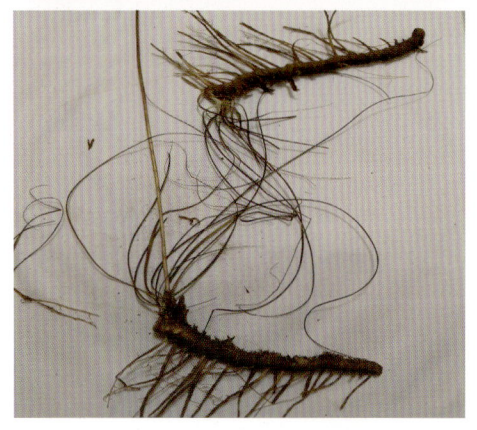

鸢尾科 | 射干属
射干

别名：扁竹　　学名：*Belamcanda chinensis*

多年生草本。根状茎较粗壮，呈不规则结节状，须根多数，细长，深黄色。叶剑形，嵌叠状排列成扇形，长20～30厘米，宽1.5～2.5厘米，平行脉多数，先端渐尖。花葶直立，高30～45厘米，多二歧分枝，顶端着生数朵花，橙黄色或橘黄色。蒴果长椭圆形。种子黑色，有光泽。花期7～8月，果期8～9月。

适应性强，不耐积水，低湿易烂根。分根繁殖或种子繁殖。

观赏植物，小区绿化有栽培。

根状茎入药。

鸢尾科 | 鸢尾属
马蔺

别名：马莲 紫蓝草　　学名：*Iris lactea* var. *chinensis*

多年生草本。根状茎粗短，须根多，棕褐色。基部有褐色裂成纤维状的残留叶鞘。叶基生，多数，坚韧，长条形，长达40厘米，宽6～8毫米。花葶高10～30厘米，有花2～4朵，蓝紫色。蒴果长椭圆形，长4～7厘米，直径0.8～1厘米，有纵棱6条，有尖喙。种子近球形，棕褐色，有棱。花期5月，6月结实，8月成熟，霜冻后全草枯黄。

滩区盐碱地多有分布，根系发达，适应性强。近年多在绿化工程中作地被植物栽培，花期长，适宜观赏。分根移植或种子繁殖。种子发芽慢，育苗以秋播为宜。

花、根、种子入药。叶是优良纤维植物。

鸢尾科 | 鸢尾属
细叶鸢尾

别名：索牛牛　　学名：*Iris tenuifolia*

多年生草本。常多株簇生。根状茎细而短，坚硬，似木质，须根多数，细长，棕褐色，基部多褐色枯死叶鞘残留。叶基生，狭条形，坚韧，长30～40厘米，宽1.5～2毫米，有明显平行脉。花葶高10～20厘米，苞片4，有花2～3朵，蓝紫色。蒴果卵圆形，长2.5厘米，种子棕褐色，近方形。花期5月，种子成熟8～9月。

分布于滩区干燥沙地，分根繁殖或种子繁殖。具有景观开发价值。

根、花、种子入药。

鸢尾科 | 鸢尾属
鸢尾

别名：扁竹花　　学名：*Iris tectorum*

　　多年生草本。根状茎短而粗壮，坚硬，基部有叶鞘残留，支根浅黄色。叶剑形或条形，淡绿色，长30~40厘米，宽1~2厘米，花葶高30~35厘米，苞片长4~6厘米，有花1~3朵，蓝紫色。蒴果长卵形，具6棱，有网纹。种子多数，棕红色，具假种皮。花期5月，7月种子成熟。

　　观赏植物，园林绿化中作地被植物栽培。根系发达，喜阳光充足，适应性强。种子育苗移栽。

　　根状茎入药。

美人蕉科 | 美人蕉属
美人蕉

别名：蕉芋　　学名：*Canna indica*

植株全部绿色，高可达1.5米。叶片卵状长圆形，长10~30厘米，宽达10厘米。总状花序疏花；略超出于叶片之上；花红色，单生；苞片卵形，绿色，长约1.2厘米；萼片3，披针形，长约1厘米，绿色而有时染红；花冠管长不及1厘米，花冠裂片披针形，长3~3.5厘米，绿色或红色；外轮退化雄蕊2~3枚，鲜红色，其中2枚倒披针形，长3.5~4厘米，宽5~7毫米，另一枚如存在则特别小，长1.5厘米，宽仅1毫米；唇瓣披针形，长3厘米，弯曲；发育雄蕊长2.5厘米，花药室长6毫米；花柱扁平，长3厘米，一半和发育雄蕊的花丝连合。蒴果绿色，长卵形，有软刺，长1.2~1.8厘米。花果期3~12月。

原产于印度。引种广泛栽培。

根茎药用。茎叶纤维可制人造棉、织麻袋、搓绳，其叶提取芳香油后的残渣还可作造纸原料。

兰科 | 角盘兰属
裂瓣角盘兰

学名：*Herminium alaschanicum*

植株高15～60厘米。块茎圆球形，肉质。茎直立，基部具2～3枚筒状鞘，其上具2～4枚密生的叶，在叶之上有3～5枚苞片状小叶。叶片狭椭圆状披针形，长4～15厘米，宽5～18毫米，直立伸展，先端急尖或渐尖，基部渐狭并抱茎。总状花序具多数花，圆柱状，长4～27厘米；花小，绿色，垂头钩曲，具3脉；花瓣直立；蕊柱粗短；退化雄蕊2个，小，椭圆形。花期6～9月。

生于山坡草地、山谷峪坡灌丛草地。

附录一 蕨类植物

　　蕨类植物是具有维管束的孢子植物，是陆生、附生，少为水生，直立或少有成缠绕攀缘的多年生草本。孢子体世代为孢子体，有根、茎、叶的器官分化，孢子体的形态多种多样，多数为中等大小的多年生草本。孢子体生多数孢子囊，内生有孢子。孢子囊生于孢子体顶端叶片上或孢子叶的下面，孢子成熟后从孢子囊内以特种巧妙的机制（环带、弹丝等）被散布出来，落地后在适宜条件下萌发生长成原叶体，即配子体。配子体代表配子体世代，不分化，不具有叶绿素，不能自养，但有雌雄性之分，行受精作用，受精卵经分裂成胚，由此生长发育成绿色孢子体，即蕨类植物。

　　现代蕨类植物有12 000多种，广布世界各地，我国有2 600多种，大都喜生于温暖阴湿的森林环境，成为森林植物中草本层的重要组成部分，是反映环境条件的指示植物。

　　蕨类植物中，有许多种类是药用植物，有的是蔬菜植物，有的是淀粉植物，广泛用于园林景观栽培和盆景栽培。

　　定边自然条件，仅有野生分布1科1属1种。

附录二 柳属分种

旱柳：乔木，树皮暗灰黑色，纵裂沟厚，枝斜展，叶披针形。

垂柳：乔木，幼枝灰绿色，老皮暗灰黑色，纵裂，幼枝下垂，叶披针形。

龙爪柳：乔木，枝扭曲上升，幼枝灰绿色，树皮纵裂，枝弯曲，叶披针形。

金丝柳：乔木，枝斜升，皮金黄色，幼枝黄色，叶宽披针形。

金丝垂柳：乔木，枝下垂，皮金黄色，幼枝黄色，叶宽披针形。

西湖柳：乔木，枝斜升，皮绿色，后灰绿，叶阔披针形。

章河柳：乔木，枝斜升，皮黄绿色，叶披针形。

杞柳：灌木，丛生，不分枝，皮红绿色，叶长条披针形。

沙柳：灌木，丛生，上下分枝，皮绿、红、红绿，叶长条披针形。

乌柳：灌木，丛生，矮小。

线柳（筐柳）：灌木，丛生，高大。

竹柳：乔木，速生，皮黄绿或绿色，叶披针形。

附录三 定边杨树品种简介

杨树属于杨树科杨属，分五个派系：

胡杨派：2个品种

白杨派：10个品种

黑杨派：8个品种

大叶杨派：5个品种

青杨派：37个品种

1. 胡杨：1964年引入，在曹圈苗圃栽植。20世纪七八十年代从新疆原产地引种，在马莲滩苗圃育苗造林。

2. 河北杨：乡土树种，遍布于全县，有三种类型。

3. 毛白杨：2002年从山西孝义引入。

4. 北京杨：1964年引入，在各苗圃育苗。

5. 加拿大杨：1964年从武功县引入，在各苗圃、林场育苗造林。

6. 桧（快）杨：20世纪70年代从杨陵引入。

7. 箭杆杨（钻天杨）：1959年从华阴引入，曾是20世纪60年代主要造林树种。

8. 合作杨：20世纪60年代从关中、河南引入，是20世纪七八十年代治沙、农防、四旁的主要造林树种。

9. 大观杨：1973年引入，是四旁、农防的主要造林树种。

10. 黑杨：2010年从延安引入。

11. 陕林1号杨，1983年从林科所引入，在马莲滩苗圃育苗。

12. 陕林2号杨：1983年从林科所引入，在马莲滩苗圃育苗。

13. 小黑杨：1973年从林科所引入，栽植于长城林场马莲滩工区机关会议林。
14. 22号杨：1973年从林科所引入，栽植于机关会议林。
15. 12号杨：1973年从林科所引入，栽植于机关会议林。
16. 14号杨：1973年从林科所引入，栽植于机关会议林。
17. 6号杨：1973年从林科所引入，栽植于机关会议林。
18. 1号杨：1973年从林科所引入，栽植于机关会议林。
19. 7号杨：1973年从林科所引入，栽植于机关会议林。
20. 九大杨：1973年从林科所引入，栽植于机关会议林。
21. 5号杨：1973年从林科所引入，栽植于机关会议林。
22. 9号杨：1973年从林科所引入，栽植于机关会议林。
23. 4号杨：1973年从林科所引入，栽植于机关会议林。
24. 20号杨：1973年从林科所引入，栽植于机关会议林。
25. 23号杨：1973年从林科所引入，栽植于机关会议林。
26. 16号杨：1973年从林科所引入，栽植于机关会议林。
27. 17号杨：1973年从林科所引入，栽植于机关会议林。
28. 15号杨：1973年从林科所引入，栽植于机关会议林。
29. 10号杨：1973年从林科所引入，栽植于机关会议林。
30. 哈尔滨杨：1973年从林科所引入，栽植于机关会议林。
31. 小青杨：1973年从长城林场引入，栽植于机关会议林。
32. 速生杨：2000年从北京引入。
33. 107杨：2001年引入。
34. 108杨：2001年引入。
35. 碧玉杨：近年引入，用于造林绿化工程栽植。
36. 新疆杨：1975年从宁夏引入，在马莲滩苗圃作防护林。
37. 小叶杨：乡土树种，20世纪五六十年代主要造林树种。
38. 二白杨：河西走廊乡土树种。
39. 群众杨：20世纪60年代引入。

参考文献

1. 中国植物志编辑委员会. 中国植物志（相关卷册）[M]. 北京：科学出版社，1959.
2. 马毓泉，等. 内蒙古植物志（第二版）[M]. 呼和浩特：内蒙古人民出版社，1989.
3. 中国树木志编辑委员会. 中国树木志[M]. 北京：中国林业出版社，1983.
4. 中国科学院植物所. 中国高等植物图鉴（相关卷册）[M]. 北京：科学出版社，2011.
5. 程积民，朱仁斌. 中国黄土高原常见植物图鉴[M]. 北京：科学出版社，2012.
6. 贾恢先，孙学刚. 中国西北内陆盐地植物图谱[M]. 北京：中国林业出版社，2005.
7. 卢琦，等. 中国荒漠植物图鉴[M]. 北京：中国林业出版社，2012.
8. 赵一之. 内蒙古维管植物分类及其区系生态地理分布[M]. 呼和浩特：内蒙古大学出版社，2012.
9. 贾厚礼，姜林. 榆林种子植物[M]. 西安：陕西科学技术出版社，2012.
10. 任宪威. 树木学（北方本）[M]. 北京：中国林业出版社，1997.
11. 朱宗元，梁存柱，李志刚. 贺兰山植物志[M]. 银川：阳光出版社，2011.
12. 张天麟. 园林树木1 600种[M]. 北京：中国建筑工业出版社，2010.
13. 孟庆武，纪殿荣，纪惠芳. 千种树木[M]. 北京：中国农业出版社，2010.
14. 段士民，尹林克. 中国常见植物野外识别手册（荒漠册）[M]. 北京：商务印书馆，2016.
15. 汪劲武. 常见野花[M]. 北京：中国林业出版社，2009.
16. 朱强，等. 中国常见野花200种原色图鉴[M]. 南京：江苏科学技术出版社，2013.
17. 于顺利. 城市周边野花草识别[M]. 北京：机械工业出版社，2014.

中文植物名称检索

序 号	科	属	种	页 码
1	木贼科	木贼属	节节草	002
2	银杏科	银杏属	银杏	003
3	松科	松属	白皮松	004
			油松	005
			樟子松	006
		云杉属	白杆	007
			青海云杉	008
4	柏科	刺柏属	杜松	009
			沙地柏	010
			圆柏	011
		侧柏属	侧柏	012
5	麻黄科	麻黄属	草麻黄	013
6	杨柳科	柳属	北沙柳	014
			垂柳	015
			旱柳	016
			龙爪柳	017
			馒头柳	018
			小红柳	019
		杨属	合作杨	020
			河北杨	021
			胡杨	022
			加杨	023
			青杨	024
			小叶杨	025
			新疆杨	026
			钻天杨	027
7	胡桃科	胡桃属	胡桃	028
			黑胡桃	029
8	壳斗科	栎属	辽东栎	030
9	榆科	榆属	榆树	031
			垂枝榆	032
			大果榆	033
			裂叶榆	034
			圆冠榆	035
10	桑科	构属	构树	036
		桑属	桑	037
			龙桑	038
11	大麻科	大麻属	大麻	039
		葎草属	葎草	040
12	桑寄生科	桑寄生属	北桑寄生	041

续表

序号	科	属	种	页码
13	蓼科	大黄属	波叶大黄	042
		蓼属	萹蓄	043
			红蓼	044
			西伯利亚蓼	045
		荞麦属	苦荞麦	046
			荞麦	047
		酸模属	皱叶酸模	048
14	藜科	滨藜属	中亚滨藜	049
		虫实属	蒙古虫实	050
		刺藜属	菊叶香藜	051
			刺藜	052
		地肤属	地肤	053
		碱蓬属	碱蓬	054
			平卧碱蓬	055
			盐地碱蓬	056
		藜属	灰绿藜	057
			尖头叶藜	058
			藜	059
		沙蓬属	沙蓬	060
		驼绒藜属	华北驼绒藜	061
		雾冰藜属	雾冰藜	062
		盐角草属	盐角草	063
		盐生草属	白茎盐生草	064
		盐爪爪属	尖叶盐爪爪	065
			细枝盐爪爪	066
			盐爪爪	067
		猪毛菜属	刺沙蓬	068
			猪毛菜	069
15	苋科	青葙属	鸡冠花	070
		苋属	反枝苋	071
			尾穗苋	072
16	紫茉莉科	紫茉莉属	紫茉莉	073
17	马齿苋科	马齿苋属	马齿苋	074
18	石竹科	蝇子草属	麦瓶草	075
			女娄菜	076
		石头花属	细叶石头花	077
		石竹属	石竹	078
19	芍药科	芍药属	牡丹	079
			芍药	080

续表

序　号	科	属	种	页　码
20	毛茛科	白头翁属	白头翁	081
		侧金盏花属	甘青侧金盏花	082
		翠雀属	翠雀	083
		碱毛茛属	长叶碱毛茛	084
			碱毛茛	085
		唐松草属	展枝唐松草	086
		铁线莲属	粉绿铁线莲	087
			灌木铁线莲	088
			黄花铁线莲	089
21	小檗科	小檗属	紫叶小檗	090
22	木兰科	木兰属	玉兰	091
23	罂粟科	角茴香属	角茴香	092
		罂粟属	虞美人	093
24	紫堇科	紫堇属	地丁草	094
25	十字花科	独行菜属	独行菜	095
		连蕊芥属	连蕊芥	096
		萝卜属	萝卜	097
		念珠芥属	蚓果芥	098
		沙芥属	斧翅沙芥	099
		芸薹属	油芥菜	100
26	悬铃木科	悬铃木属	二球悬铃木	101
27	景天科	费菜属	费菜	102
		景天属	辉煌长药八宝	103
28	虎耳草科	山梅花属	太平花	104
29	杜仲科	杜仲属	杜仲	105
30	蔷薇科	扁核木属	蕤核	106
		草莓属	草莓	107
		风箱果属	金叶风箱果	108
		梨属	白梨	109
			杜梨	110
		李属	李	111
			美人梅	112
			紫叶矮樱	113
			紫叶李	114
		木瓜属	贴梗海棠	115
		苹果属	垂丝海棠	116
			花红	117
			花叶海棠	118
			苹果	119
			楸子	120
			山荆子	121
			西府海棠	122

续表

序　号	科	属	种	页　码
30	蔷薇科	蔷薇属	腺齿蔷薇	123
			黄刺玫	124
			玫瑰	125
			月季	126
		山楂属	山楂	127
		桃属	长梗扁桃	128
			红叶碧桃	129
			山桃	130
			陕甘山桃	131
			桃	132
			重瓣榆叶梅	133
		金露梅属	金露梅	134
		委陵菜属	二裂委陵菜	135
			蕨麻	136
			委陵菜	137
			星毛委陵菜	138
		杏属	山杏	139
			杏	140
		绣线菊属	三裂绣线菊	141
			土庄绣线菊	142
			粉花绣线菊	143
		栒子属	水栒子	144
			西北栒子	145
		樱属	日本晚樱	146
		珍珠梅属	华北珍珠梅	147
31	豆科	菜豆属	菜豆	148
		草木樨属	白花草木樨	149
			草木樨	150
		车轴草属	白车轴草	151
		刺槐属	刺槐	152
			毛刺槐	153
		甘草属	甘草	154
		合欢属	合欢	155
		胡卢巴属	胡卢巴	156
		胡枝子属	兴安胡枝子	157
			胡枝子	158
		槐属	白刺花	159
			槐	160
			蝴蝶槐	161
			苦豆子	162
			龙爪槐	163

续表

序　号	科	属	种	页　码
31	豆科	黄芪属	阿拉善黄芪	164
			糙叶黄芪	165
			草木樨状黄芪	166
			单叶黄芪	167
			乳白黄芪	168
			斜茎黄芪	169
		棘豆属	猫头刺	170
			多枝棘豆	171
			二色棘豆	172
			黄毛棘豆	173
			砂珍棘豆	174
			小花棘豆	175
		锦鸡儿属	甘蒙锦鸡儿	176
			甘肃锦鸡儿	177
			荒漠锦鸡儿	178
			柠条锦鸡儿	179
			秦晋锦鸡儿	180
			小叶锦鸡儿	181
			红花锦鸡儿	182
		苦马豆属	苦马豆	183
		米口袋属	少花米口袋	184
		苜蓿属	紫苜蓿	185
		沙冬青属	沙冬青	186
		豌豆属	豌豆	187
		岩黄芪属	贺兰山岩黄芪	188
			塔落岩黄芪	189
			细枝岩黄芪	190
		野决明属	披针叶野决明	191
		野豌豆属	大花野豌豆	192
			广布野豌豆	193
		皂荚属	皂荚	194
		紫穗槐属	紫穗槐	195
32	酢浆草科	酢浆草属	酢浆草	196
33	牻牛儿苗科	牻牛儿苗属	牻牛儿苗	197
34	旱金莲科	旱金莲属	旱金莲	198
35	亚麻科	亚麻属	宿根亚麻	199
			亚麻	200
			野亚麻	201

续表

序　号	科	属	种	页　码
36	白刺科	白刺属	白刺	202
			小果白刺	203
37	骆驼蓬科	骆驼蓬属	骆驼蒿	204
			骆驼蓬	205
38	蒺藜科	蒺藜属	蒺藜	206
39	芸香科	花椒属	花椒	207
		拟芸香属	北芸香	208
			针枝芸香	209
40	苦木科	臭椿属	臭椿	210
41	远志科	远志属	远志	211
42	大戟科	蓖麻属	蓖麻	212
		大戟属	地锦草	213
			乳浆大戟	214
			沙生大戟	215
		地构叶属	地构叶	216
43	漆树科	黄栌属	黄栌	217
		盐肤木属	火炬树	218
44	卫矛科	卫矛属	白杜	219
			冬青卫矛	220
			栓翅卫矛	221
45	黄杨科	黄杨属	朝鲜黄杨	222
46	槭树科	槭属	茶条槭	223
			复叶槭	224
			五角槭	225
			元宝槭	226
47	无患子科	栾树属	栾树	227
		文冠果属	文冠果	228
48	凤仙花科	凤仙花属	凤仙花	229
49	鼠李科	鼠李属	柳叶鼠李	230
		枣属	酸枣	231
			枣	232
50	葡萄科	地锦属	五叶地锦	233
		葡萄属	葡萄	234
51	锦葵科	锦葵属	锦葵	235
			野葵	236
		木槿属	木槿	237
			野西瓜苗	238
		苘麻属	苘麻	239
		蜀葵属	蜀葵	240

续表

序　号	科	属	种	页　码
52	柽柳科	柽柳属	短穗柽柳	241
			多枝柽柳	242
			甘蒙柽柳	243
			细穗柽柳	244
		红砂属	红砂	245
53	堇菜科	堇菜属	裂叶堇菜	246
			紫花地丁	247
54	胡颓子科	胡颓子属	沙枣	248
		沙棘属	沙棘	249
55	千屈菜科	千屈菜属	千屈菜	250
56	柳叶菜科	月见草属	月见草	251
57	伞形科	阿魏属	硬阿魏	252
		柴胡属	红柴胡	253
		葛缕子属	田葛缕子	254
		茴香属	茴香	255
		芫荽属	芫荽	256
58	山茱萸科	山茱萸属	红瑞木	257
59	报春花科	点地梅属	大苞点地梅	258
		海乳草属	海乳草	259
		珍珠菜属	狼尾花	260
60	蓝雪科	补血草属	二色补血草	261
			黄花补血草	262
61	木樨科	梣属	白蜡	263
		丁香属	暴马丁香	264
			小叶丁香	265
			紫丁香	266
		连翘属	连翘	267
		女贞属	水蜡树	268
		雪柳属	雪柳	269
62	马钱科	醉鱼草属	互叶醉鱼草	270
63	龙胆科	肋柱花属	辐状肋柱花	271
		龙胆属	达乌里秦艽	272
			鳞叶龙胆	273
			秦艽	274
64	萝藦科	鹅绒藤属	地梢瓜	275
			鹅绒藤	276
			华北白前	277
		杠柳属	杠柳	278

续表

序 号	科	属	种	页 码
65	旋花科	打碗花属	打碗花	279
		番薯属	圆叶牵牛	280
		旋花属	田旋花	281
			银灰旋花	282
66	菟丝子科	菟丝子属	菟丝子	283
67	紫草科	斑种草属	狭苞斑种草	284
		鹤虱属	鹤虱	285
		琉璃草属	大果琉璃草	286
		紫丹属	砂引草	287
		紫筒草属	紫筒草	288
68	马鞭草科	莸属	蒙古莸	289
		马鞭草属	柳叶马鞭草	290
69	唇形科	脓疮草属	脓疮草	291
		糙苏属	串铃草	292
		百里香属	百里香	293
			地椒	294
		地笋属	地笋	295
		青兰属	白花枝子花	296
			香青兰	297
		兔唇花属	冬青叶兔唇花	298
		益母草属	细叶益母草	299
70	茄科	矮牵牛属	碧冬茄	300
		枸杞属	枸杞	301
		假酸浆属	假酸浆	302
		辣椒属	辣椒	303
		曼陀罗属	曼陀罗	304
		茄属	龙葵	305
			茄	306
			青杞	307
			阳芋	308
		天仙子属	天仙子	309
		烟草属	烟草	310
71	玄参科	地黄属	地黄	311
		柳穿鱼属	柳穿鱼	312
		泡桐属	兰考泡桐	313
		芯芭属	蒙古芯芭	314
72	紫葳科	角蒿属	角蒿	315
			黄花角蒿	316
		梓属	楸	317
			梓	318

续表

序　号	科	属	种	页　码
73	列当科	列当属	黄花列当	319
			列当	320
		肉苁蓉属	肉苁蓉	321
74	车前科	车前属	车前	322
			平车前	323
			小车前	324
75	茜草科	拉拉藤属	蓬子菜	325
		茜草属	茜草	326
76	忍冬科	荚蒾属	鸡树条	327
		锦带花属	锦带花	328
		忍冬属	金银忍冬	329
			忍冬	330
		猬实属	猬实	331
77	败酱科	败酱属	糙叶败酱	332
78	葫芦科	葫芦属	葫芦	333
		黄瓜属	甜瓜	334
		南瓜属	南瓜	335
			西葫芦	336
79	桔梗科	桔梗属	桔梗	337
		沙参属	长柱沙参	338
80	菊科	百花蒿属	百花蒿	339
		百日菊属	百日菊	340
		苍耳属	苍耳	341
		大丽花属	大丽花	342
		顶羽菊属	顶羽菊	343
		飞廉属	节毛飞廉	344
		飞蓬属	一年蓬	345
		风毛菊属	草地风毛菊	346
			碱地风毛菊	347
		狗娃花属	阿尔泰狗娃花	348
		蒿属	艾	349
			白莲蒿	350
			大籽蒿	351
			黑沙蒿	352
			茵陈蒿	353
			猪毛蒿	354
		花花柴属	花花柴	355

续表

序　号	科	属	种	页　码
80	菊科	火绒草属	火绒草	356
		蓟属	刺儿菜	357
		菊属	甘菊	358
		苦苣菜属	苣荬菜	359
		苦荬菜属	抱茎苦荬菜	360
		蓝刺头属	砂蓝刺头	361
		苓菊属	蒙疆苓菊	362
		漏芦属	漏芦	363
		麻花头属	麻花头	364
		蒲公英属	多裂蒲公英	365
			华蒲公英	366
			蒲公英	367
		秋英属	秋英	368
		乳苣属	乳苣	369
		猬菊属	刺疙瘩	370
			火媒草	371
		向日葵属	菊芋	372
			向日葵	373
		旋覆花属	蓼子朴	374
			旋覆花	375
		鸦葱属	拐轴鸦葱	376
			鸦葱	377
		亚菊属	灌木亚菊	378
		联毛紫菀属	联毛紫菀	379
		栉叶蒿属	栉叶蒿	380
81	香蒲科	香蒲属	水烛	381
82	禾本科	白茅属	白茅	382
		冰草属	冰草	383
			沙芦草	384
		大麦属	芒颖大麦草	385
		拂子茅属	拂子茅	386
			假苇拂子茅	387
		高粱属	高粱	388
			苏丹草	389
		狗尾草属	狗尾草	390
			粟	391
		虎尾草属	虎尾草	392
		画眉草属	画眉草	393
		芨芨草属	芨芨草	394
		赖草属	羊草	395
		狼尾草属	白草	396

续表

序　号	科	属	种	页　码
82	禾本科	芦苇属	芦苇	397
		马唐属	马唐	398
		沙鞭属	沙鞭	399
		黍属	糜	400
		燕麦属	莜麦	401
		玉蜀黍属	玉蜀黍	402
		早熟禾属	硬质早熟禾	403
		针茅属	大针茅	404
			沙生针茅	405
			长芒草	406
83	莎草科	三棱草属	扁秆荆三棱	407
84	百合科	百合属	山丹	408
		葱属	葱	409
			碱韭	410
			蒙古韭	411
			细叶韭	412
			野韭	413
		天门冬属	兴安天门冬	414
		萱草属	黄花菜	415
			萱草	416
		知母属	知母	417
85	鸢尾科	射干属	射干	418
		鸢尾属	马蔺	419
			细叶鸢尾	420
			鸢尾	421
86	美人蕉科	美人蕉属	美人蕉	422
87	兰科	角盘兰属	裂瓣角盘兰	423